万物简史

［美］鲍勃·伯曼（Bob Berman）——— 著

林志懋———译

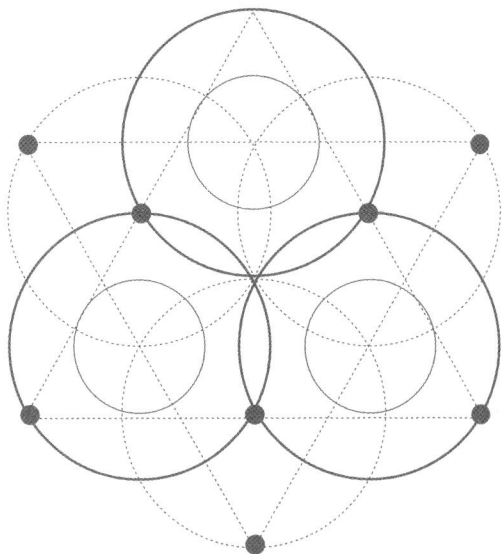

Zoom
How Everything Moves
From Atoms and
Galaxies to Blizzards and Bees

CTS 湖南文艺出版社
PUBLISHING & MEDIA
HUNAN LITERATURE AND ART PUBLISHING HOUSE

博集天卷
CS-BOOKY

Zoom: How Everything Moves: From Atoms and Galaxies to Blizzards and Bees by Bob Berman
Copyright © 2014 by Bob Berman
Simplified Chinese edition copyright: © 2019
by Changsha Senxin Culture Dissemination Limited Company
Published in agreement with Hachette Book Group,Inc. through Bardon-Chinese Media Agency.
First published in America in 2014 by Hachette Book Group,Inc.

著作权合同登记号：图字18-2019-043

图书在版编目（CIP）数据

万物简史 /（美）鲍勃·伯曼（Bob Berman）著；林志懋译.—长沙：湖南文艺出版社，2019.12
书名原文：Zoom: How Everything Moves: From Atoms and Galaxies to Blizzards and Bees
ISBN 978-7-5404-9086-7

Ⅰ.①万… Ⅱ.①鲍…②林… Ⅲ.①自然科学—普及读物 Ⅳ.①N49

中国版本图书馆CIP数据核字（2019）第033032号

上架建议：畅销·科普读物

WANWU JIANSHI
万物简史

作　　者：[美]鲍勃·伯曼（Bob Berman）
译　　者：林志懋
出 版 人：曾赛丰
责任编辑：薛　健　刘诗哲
监　　制：于向勇　秦　青
选题策划：森欣文化
特约编辑：王远哲　包　晗
营销编辑：刘晓晨　刘　迪　初　晨　王　凤
装帧设计：利　锐
出　　版：湖南文艺出版社
　　　　　（长沙市雨花区东二环一段508号　邮编：410014）
网　　址：www.hnwy.net
印　　刷：三河市百盛印装有限公司
经　　销：新华书店
开　　本：875mm×1270mm　1/32
字　　数：220千字
印　　张：10
版　　次：2019年12月第1版
印　　次：2019年12月第1次印刷
书　　号：ISBN 978-7-5404-9086-7
定　　价：52.00元

若有质量问题，请致电质量监督电话：010-59096394
团购电话：010-59320018

以此纪念我的母亲
保拉·邓恩（Paula Dunn）

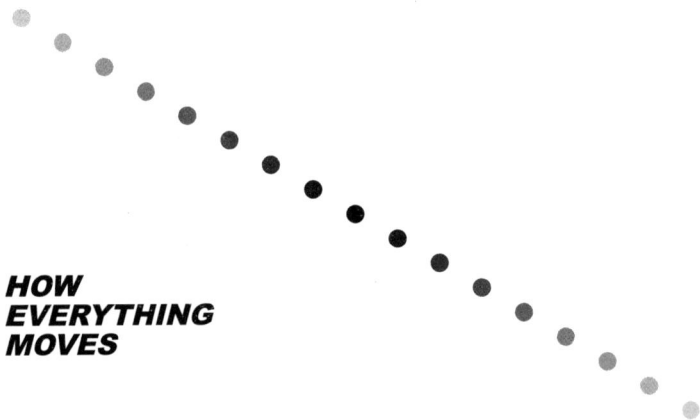

HOW
EVERYTHING
MOVES

目 录

PART 1
万 物 起 源

PART 2
万物生长

PART 3
万物归一

HOW
EVERYTHING
MOVES

前言

天空因动而喜……

——约翰·多恩（John Donne），《挽歌》（*Elegies*），约1590

我们身处不断运动的神奇母体之中。云形变幻，海啸夷城。自然界的赋动现象（animation）生生不息，其能量如泉涌，而源头看不出在何处。我们渐渐知道，这种现象同样是永不衰竭的，毫无疲态。

就像看魔术表演一样，我们已经习惯了自然界无休无止的伪装——太习惯了，以致我们很少会多想一下。但这和我们的关系极为密切。连我们眼和脑的运作，阅读这些文字的过程，也是自然界运动的例子。以我们的思维为例，它是电子和中子的动作，100毫伏（millivolt）电力使脑部一百兆个突触产生各式各样的联结，产生的结果就是：我们的知觉能力。

所以，本书讲的就是自然界所有形式的活动。这其实是一本奇迹之书。为了替这种动态活力描绘出其应有的生动色彩，我会运用从古代到21世纪的科学家的发现，对于种种自发动作最为奇妙、壮丽、引人入胜但也鲜为人知的运作方式，提供近距离的窥视。

因为运动无所不在且无形不有，这里所做的考察不可能尽其所有，虽然我已尽我所能涵盖了所有自然界主要的"剧作"，比如气流运动、消化作用和地极移动。

光是干巴巴地引述事实和数据没什么好玩的，所以，就让我们发出由衷的赞叹——不是针对人造的运动，而是针对那种自发的运动，即使我们的火箭和子弹列车的确很了不起。在一开场的前言之后，这本书自己也在移动，从最慢之物变为最快之物。这一路上，我也会停下脚步，讲一些为我们在不同领域带来发现的有魅力的人的故事。他们有些人是天赋使然，有些则是因为幸运。许多人都如此超前于他们被嘲笑的时代。

那么，这就是我们的故事——关于始终在我们身旁且无穷无尽的运动，以及在世纪长河中揭开这些启示的杰出人士。还有命运自身离奇的动力，是如何贯穿了他们的生活。

鲍勃·伯曼
纽约州威洛镇

序言
万物的破坏力，万物的创造力

是暖风，是西风，风中尽是鸟鸣声……
——约翰·梅斯菲尔德（John Masefield），《西风歌》（*The West Wind*），1902

暴风雨狂烈得吓人。

尽管它在侵袭纽约州北部时已不复飓风的威力，但风势仍以每小时88.5千米的速度呼啸而过，狗都躲到床底去了。但我们大家担心的是雨，这场下个不停的雨。到第二天，已经下了超过20厘米的雨。在第一道曙光来临之前，我们山区的溪流已经泛滥。许多木造桥梁，加上两座钢筋混凝土桥，都没能挨过这一夜。它们就这么不见了，消失得无影无踪。这些桥一定是躺在距下游大约32千米的那座大水库的池底。

整个社区都与世隔绝了。那天中午，那些还守着家园的人家，水已经漫过他们的窗台。与此同时，地面变得松软潮湿，暴风毫不费力便击倒了一排排的树木、球根类等所有植物。

电在第一天晚上就断了。在我们乡下地区，即使大晴天也不会有邮件寄送或移动电话的服务，我们完全孤立无援了。所有人都没水、没管道、没电话，就像回到了公元1500年。

天亮时，我才发现有树横在自家屋顶上，碎玻璃散落在玄关石板地上。比起水漫过这些谷地所造成的破坏，风造成的破坏便小多了。我侄女的整栋房子都没了，那栋屹立了40年的房子就这么不见了。洪水深度超过1.5米，以不到4千米的时速一路慢吞吞地爬行。但这股慢吞吞的褐水所造成的破坏，远远超过我家后院那阵时速88.5千米的暴风。

从某方面来看，这真是讽刺。这几十年来，我靠着讲述自然界的活动为生，好似体育节目主播一般。身为《老农民年鉴》（Old Farmer's Almanac）的天文学编辑，以及《发现》杂志（Discover）和后来的《天文学》杂志（Astronomy）的专栏作家，计算月球与各行星如何运动并描述它们五花八门的天体合相（conjunction）①，是我的例行事务。自然界的运动让我餐桌上的面包不虞匮乏。现在，这些运动掉头冲我而来。我和其他人一样，满脑子想的是这下得花多少不在预算里的维修费。

如果自然界的活动已经替我付了这么久的贷款，现在却要把我赶出家门，我嗅到这个故事的戏剧性、悲喜，而且与其相关联的人物情节不输给任何小说。我早就知道移动速度仅有时速6.5千米的水与风力中等的龙卷风破坏力相当，这便是为什么洪水害死的人比暴风更多。水的密度是空气的800倍，推动物体也就容易得多。但最先发现这一点的科学家是谁？他们是因个人遭遇，像我一样而被动发现这些的吗？他们自己的生命和奋斗过程有戏剧性的情节吗？

---

① 天体合相是两星有相同的黄经或赤经，也就是天文观测上两星非常接近的现象。——译者注

即使风势还没平静，我已经被自然界随心所欲的现象给迷住了。我明白，我关于物理和生物赋动现象的想法，本身就是神经电流这个层级的运动形式。所以，一切都是运动，每一样有趣的事物都是，一直都是。

暴风雨过后，电还是没来，要一个多星期才会恢复。在烛光下，我草草书写了笔记，这是托马斯·杰佛逊用过的方法，因为他也迷上了自然科学。（在1962年某次召集49位诺贝尔奖得主的会议上，肯尼迪总统做了如下注脚：白宫此前不曾有如此才智齐聚一堂，"除了托马斯·杰佛逊独自用餐时可能是个例外"。）

于是，我把毕生对天体运动的专注扩展至沙漠的沙子、疾病和枫树汁液。大雨继续下着，我想起这雨是以每小时35.5千米的速度落下的。在自然界，这个同样的数字一再重复，如同音乐主旋律的重现。还有没有其他的循环模式？宇宙和日常生活中的最快和最慢的界限是什么？

我知道，在工人修理房子期间，我有的是时间。我做了决定：我会掏空自己的存款，用来环游世界。我会利用我的记者证，找出那些探索自然界最惊人运动的专家和研究人员。我会探索并揭露任何轻移微动或自我赋动的事物，从最怪、最慢之物到最最快的。我也会研究早期各种文化揭开这些秘密的方法。

一段历险勉强算是结束，更加浩大的一段正要开始。

而我清楚知道，第一步要往哪里去。

PART 1
万物起源

第1章

宇宙爆炸之旅

这令人敬畏的运动意味着什么？
——果戈理（Nikolai Gogol），《死魂灵》（*Dead Souls*），1842

● ● ● ● ●

从安第斯山顶的一座天文台观察一个无月的午夜，不会闪烁的星星洒满天空。天地再小，都不会没有星星。银河用如此炽烈的光将宇宙一分为二，天文台的巨大圆顶向地面投下模糊、梦幻的阴影。

天文台的金属通道上响起"嗒嗒"的脚步声，打破了夜晚的宁静。那声音来自天文台台长米格尔·罗思（Miguel Roth）。他停下脚步，漫不经心地眺望这番景色，仿佛过去这20年他不是在这里度过似的。罗思帅得像电影明星，对这群生活在稀薄空气中、在地表最完美的天文场所全神贯注地凝视宇宙的研究人员来说，他是无人质疑的教父。那天晚上，罗思陪同一位对世界的运动方式感兴趣的美国记者参观天文台。

那位记者就是我。

为了找到世界如何运动的规律，我必须全力以赴。

从我们当地的公共图书馆开始，那儿的事物以一种优雅的慢速在移动，我一直在寻找最早被记录的有关自然界运动的现象。我观察着病毒、指甲或地壳板块的运动——这些东西移动和成长得如此缓慢、勉强，根本让人难以察觉。但它们确实在慢慢开始增长。

但动作片从来不以呆滞、了无生气的方式开场。我喜欢从慢到快的移动，但为何不拍一个所有事物都以呼啸而过的速度猛冲飞驰的开场？只有自然界的疯狂之心才设想得出来如此狂暴地击打地面？

但那种歇斯底里的状态不存在于地球上。一切运动之母是正让自己爆炸的宇宙。宇宙一边爆炸，一边创造出各自区隔的运动场域，就像急流中的诸多旋涡。

地球之外，蛮荒当道。连最小的太阳望远镜都显示，即使是附近的太阳，地球的生命之源，也一直是世界末日般的情景。当我们注目于最遥远的星系时，看到的是旋转、碰撞、崩塌得比光速还快的事物。

但终有一死的凡人，如何能够感知宇宙正在他们周围爆炸？我需要拜访那些拥有全世界最好装备的顶尖天文物理学家，这些人习惯于跳出定向思维。而且，这个定向思维不是什么循规蹈矩的容器，而是像被抛向空中的货物一样，无特定目标疯狂猛冲的地球。不只是云的问题，天文学家需要的是稳定地"看见"（不会模糊的影像），这需要头顶上的空气免于多重温层乱流的干扰。山顶很好，但最理想的地点不在美国中部或欧洲——甚至连亚洲的喜马拉雅山都不行。这种理想地点在南美洲。南美大陆在天文学上的顶尖地位有着古怪的根源，与一位过世多年的苏格兰人有很大关系。

这个苏格兰人就是工业家卡内基（Andrew Carnegie，1835—1919），一个容易招人怨恨的家伙。他的工人过着勉强糊口的日子，反抗老板咨啬减薪又不成功，而他却成了全世界最有钱的人。到了19世纪末，卡内基钢铁公司（Carnegie Steel Company）——后来叫作美国钢铁公司（United States Steel Corporation）——把这位个子矮小的老板（他身高也就150厘米多一点）送进苏格兰城堡去过国王般的生活。

但人人都赞许暴君改过向善，从罪人变圣人。当时间从19世纪进入20世纪时，卡内基做了180度的转变。在一篇又一篇新闻报道中，这位强盗男爵的表现把狄更斯笔下的咨啬鬼斯克鲁奇（Ebenezer Scrooge）①都给比下去了，他开始倡议反战和不分党派的免费教育。他捐款的数额令人难以置信，最后他总共捐出自己3.8亿美元的全部财产——相当于今日的数十亿美元。他还设立了超过3000所免费图书馆，资助非裔美国人接受教育，建造了许多举办音乐会的场所（比如曼哈顿的卡内基音乐厅），并且（如果你认为这样永远轮不到科学的话）成立了一系列尖端研究基金。卡内基天文台就此诞生，这个独一无二的机构，至今仍在

---

① 斯克鲁奇为狄更斯的小说《圣诞颂歌》中的主角，在圣诞夜一夜之间从咨啬鬼变成了大善人。——译者注

全力研究宇宙最大的谜团，这些谜团是以最大规模的运动为轴心的，这对我们而言是一件幸事。

　　卡内基聘用了他所能找到的最佳人选担任这个新设机构的首任台长——海耳（George Ellery Hale，1868—1938），再由他来召集当时头脑最聪明的人。海耳首先聘用了大名鼎鼎的沙普利（Harlow Shapley，1885—1972），此人发现，地球并非如赫特人贾巴（Jabba the Hutt）那般动都不动地位于银河系的中心。这是刚到来的20世纪与运动相关的最大新闻。他发现，太阳与地球更靠近银河系边缘而非中央，因此当银河系旋转时，太阳与地球如旋涡般绕行。①

　　接着，卡内基聘用了刚从牛津做研究回来的美国天文学家哈勃（Edwin Hubble，1889—1953）。他在那儿学了一口英国腔，而且恼人的是，他始终改不回来——这把他的同事们逼疯了。

　　海耳和卡内基都相信，伟大的发现要靠全世界最大的望远镜，他们做好了建造计划。威尔逊山周边地区的场址测试在1903年开始进行，然后是洛杉矶郊区一块僻静冷清的区域。他们很快就建成了一座庞然大物，它有着全世界最大的1.5米口径的镜片。接着在1917年，也是在威尔逊山，他们超越自己，建成了2.5米口径的巨型胡克望远镜，4082千克重的光学镜面是用酒瓶玻璃熔制而成的，这也解释了那架望远镜的镜片为何是绿的。这件事情的

　　① 海耳为美国天文学家，发现了太阳黑子磁场，历任叶凯士天文台（Yerkes Observatory）和威尔逊山天文台（Mount Wilson Observatory）台长。沙普利为美国天文学家，推算出太阳系在银河系中的位置。赫特人贾巴为《星球大战》第六集中出现的外星人，长得像有尾巴的巨大蟾蜍，因过于肥胖而行动迟缓。——译者注

真相足以难倒美国电视益智竞赛节目《危险边缘》（*Jeopardy!*）的所有赢家。在乡村电气化以前的时代，每一架望远镜都是凭借2吨重锤推力所驱动的机械装置来精准追踪恒星的。

就是在那里，傲慢、讨人厌却是20世纪顶尖观测天文学家之一的哈勃，拍摄到一颗形态特殊的变星，并断定仙女座内一个有名的椭圆形明亮团状物不只是一个邻近的星云，而是一个独立的"岛宇宙"（island universe）———一个有着数十亿颗太阳的遥远帝国。他进而推论，所有螺旋星云一定也同样是一个个独立的星球王国，一直向远方延伸下去。宇宙立刻变大100万倍。[①]

我咨询卡内基天文台台长温迪·弗里德曼（Wendy Freedman），她告诉我，这个发现"与哥白尼革命同样伟大"。

"没错，哈勃或许自大，"她承认，"历史上改变宇宙本质的时刻没有几次，你不能抹杀他的贡献。"

你也不能抹杀年轻的卡内基科学研究院（Carnegie Institution for Science）所做的贡献，他们立下一座又一座里程碑，仿佛从魔术师袖子里变出纸牌一般。台长海耳一手创立了美国国家科学院（National Academy of Sciences），他麾下的天文学者发表的研究成果指出，椭圆星系只有老恒星，螺旋星系则还在制造新恒星。这些发现引发了震撼。其中最大的发现与我们的探索有关：1929

---

① 人们把1929年发现宇宙扩张的功劳归于哈勃，却从未有人提到那位藏身幕后的女子。莱维特（Henrietta Leavitt，1868—1921）是20世纪初期杰出的天文学家，在一个女性如此受歧视的时代，她充其量只能在哈佛学院天文台从事低等的"计算"工作，一小时挣30美分。尽管如此，她还是一手发现了许多恒星家族，并且她可以根据恒星所发出的色光确定恒星的绝对亮度。哈勃用她的数据和方法去计算星系距离，从而做出宇宙如气球般膨胀的惊人宣告。而莱维特得到的声誉呢？几乎为零。

年的发现指出宇宙正在扩张。

从来没人这么想过。没有任何宗教的神圣经典，没有任何文艺复兴时代的科学家，没有任何哲学家曾说过整个宇宙越变越大。真的，古希腊人虽是优秀的逻辑学家，但他们会毫不怀疑地把这个想法斥为不知所云。如果所有事物同时扩张，那又怎么可能有人知道这件事正在发生呢？①

关于宇宙变动的第一个暗示在1915年浮现在爱因斯坦的脑海里，因为当时他提出广义相对论，而他的数学在一个静止的宇宙里是行不通的。但当时假定宇宙是静止的——这是一个"既定条件"，一个真理，而爱因斯坦没有理由加以质疑，所以他加上了一个著名的附加数字，他称之为宇宙常数（cosmological constant）。此后，他的方程式在一段时间内很有效。但当哈勃发现，其实每个星系都呈现红移（redshift），显示星系快速退离我们时，显而易见的结论是：宇宙正在爆炸。相邻星系团正在分离。爱因斯坦没有用任何望远镜看，就在他的脑子里预测到这件事，要是他对自己更有信心一点，早就可以发表他的观点了。"这是我这辈子最大的错误。"他对每个愿意听的人念叨这

---

①　如果宇宙万物同时变大，那会意味着什么？如果你的眼睛、你的身体、光的波长、房间、地球和整个宇宙，在接下来的几秒钟之间突然变大三倍，你有没有可能察觉到任何变化？答案是不可能。这样的变动是不可察觉的。真的，说不定这种情况一直在发生。也许宇宙一直在膨胀又收缩，一分钟前还只有一颗原子大小呢。重点是，"宇宙正在扩张"是没有意义的，除非只有宇宙的某些部分变大，而其他部分维持原状。只有这种情况才有可能察觉到，甚至只有如此，在逻辑上才有意义。的确，这正是现在正在发生的状况。星系及其内含物多多少少算是保持不变的大小，星系团也是如此，只有星系团之间的间距在扩大。

件事。

这是做梦都想不到的运动规模。即使是相邻星系，那些和我们最接近、占宇宙星系总数十万分之一、在所有星系当中移动最慢的，也以每秒约2250千米的速度奔离我们。那些存在于距离地球"仅仅"10亿光年处的星系，则以每秒22,500千米快速远离。这比高速子弹还要快上28,000倍。

布满夜空的可见恒星的移动速度不可能比每秒965千米还快，否则就会脱离银河重力的控制，飞离银河系。在1929年，像

★内含2000亿颗恒星的草帽星系（Sombrero）以每秒905千米的速度奔离我们。马特·弗朗西斯（Matt Francis）摄

每秒2250千米的速度——意思是，你讲"亲爱的，系上你的安全带吧？"这句话所花的时间，就可以让你从伦敦到纽约了。

最新观测到的速度令人惊讶得喘不过气来，也让人沮丧气馁。这下很明显了——且至今依然如此——无论未来发明什么样的推进系统，绝大多数的星系是我们永远无法造访的：这些星系逃离的速度快到我们永远无望接近。

海耳虽因严重的健康问题受苦多年，但还没被击倒，他筹钱建造了新一代的大型望远镜：南加州帕洛马山（Palomar Mountain）上面的口径5米的望远镜。这架望远镜在1949年开始被使用，有一块宽如一间客厅的聚光镜片。接下来的四分之一个世纪，帕洛马望远镜一直是全世界最大的望远镜。

卡内基天文学家长期以来还是想在南半球有一处观测站，那样他们就能接触隐藏在加州地平线另一边的许多神秘地点。20世纪80年代，他们忍痛放弃对威尔逊山的监护权，从威尔逊山附近看星星，比从好莱坞附近看更模糊，这要感谢城市迅猛的发展，以及每年增长10%的路灯。[①]他们转而指望另一处场址——安第斯山脉中的一座山，卡内基研究院在1969年便已将其购入，当时的汇率低到3分钱就能买到一杯原味含糖可乐。这座天文台被命名为拉斯坎帕纳斯（Las Campanas）——在西班牙语中的意思是"钟声"。它很快成了研究院的重要设施，人们在这座天文台上建造了两架名列世界前茅的望远镜。

这对6.5米口径的望远镜，在2002年建成，合称大麦哲伦望远

---

① 尽管因光害导致观测条件恶化，威尔逊山天文台至今依然持续运作。

镜（Magellan Telescopes）①除了反射器出色之外，大麦哲伦望远镜的观景窗的半度视野能将整颗月球摄入一幅照片中。近乎完美的影像是由独特的计算机驱动活塞产生的，这种活塞使镜片每分钟变形两次，以维持其完美的抛物线形状。同样著名的是大麦哲伦望远镜观测到的如磐石般稳定的影像质量，全世界无出其右。说是全太空最佳大概也可以。②

这种第一等的研究中心不接受临时访客，但我知道可以利用自己在天文学报道方面的信誉，在那儿逗留几个晚上。这是观测宇宙最快速度的理想地点。我打电话到温迪·弗里德曼位于加州帕萨迪纳的办公室，她安排妥当后，我就启程前往南美。

飞往圣地亚哥的航程似乎没完没了，但好运随之而来，我顺利搭上飞往南美洲的航班。拉斯坎帕纳斯的台长在城里，因此，在那座迷人城市的美丽近郊，我和罗思博士在一张户外餐桌旁共进晚餐。担任台长17年，罗思显然以这座设施为荣："我们位于海拔2590米的高处，夜晚真的是一片漆黑。这个场址无与伦比，我们一年有300个晴朗的夜晚。阿塔卡马沙漠（Atacama Desert）一望无际，最近的零售杂货店在160千米之外。"

两天后，经过一趟振奋人心的飞行，掠过安第斯山脉的锯齿状雪峰，并环顾座舱、赞赏我这位旅伴的品味后，我终于抵达可

---

① 第一架沃尔特·巴德望远镜（Walter Baade Telescope）于2000年开始观测，第二架兰登·克莱望远镜（Landon Clay Telescope）于2002年开始观测。——译者注

② 惊人的超级仪器，口径25米的大麦哲伦望远镜伦按计划顺利进行，将远远超越地球上所有的望远镜，不过欧洲太空总署正在规划一架稍大一点的望远镜，这样才保有话语权比别人大的资格。大麦哲伦望远镜的第一块镜片已经完成，场址清理也已经完成。整架望远镜的建造预计在2020年完工，地址在智利的拉斯坎帕纳斯山上。

爱的海滨度假小镇拉塞雷纳（La Serena），也就是拉斯坎帕纳斯天文台总部所在地。那一年，天文台工作人员花了很多时间寻找超新星，这些超新星的"标准烛光"亮度（standard candle）[①]有助于确定精确的星系距离，从而让科学家了解宇宙如何随时间而扩张。所以，这就是各个卡内基天文台当前的首要目标：解开宇宙命运的密码。

这么一来，我们便触及了这个课题的实质内容。这堪称是全科学界最大的谜团，而谜团的核心就在于速度。幸好，这个谜团可以被简单地陈述。哈勃常数——星系奔离我们的速度——在60亿年前神秘地发生变化，当时宇宙的年纪只有现今的一半。星系团开始加快飞离的速度，仿佛这些星系团的火箭引擎突然被点燃了。原因通常被称为"暗能量"，但这个词不过是一张标签，贴在一个1998年首度披露的谜团上。就像弗里德曼叹着气说的："这很难加以解释，这是一个令人茫然费解的奥秘。"

随着苏联时期的百科全书被粗暴地涂抹删改，宇宙学家很快做了修订，草率改写了他们的"宇宙概要"手册。当时，人们把宇宙的四分之三专门用于某种诡异的反重力之物，而在一年前，完全没人想到会有这种东西存在。探测反重力之物强大的效应，逐渐成了天文学家一个迫切需要解决的研究焦点。我猜，正是这个目标，就是在智利这座山顶上等我的那些人全神贯注的原因所在。

---

① 标准烛光亮度是用已知天体的亮度作为标准与观测天体的亮度做比较，以推算观测天体的距离。——译者注

第二天，我搭乘出租汽车离开拉塞雷纳，取道泛美高速公路少有人走的一段北部路段。这条路直接进入地球上最干燥的阿塔卡马沙漠南部。经过两个小时的荒芜路程后，车子转进一条连续爬坡的泥土路，路旁有野驴和鼠兔——鼠兔看起来像是松鼠和兔子的混种。拉斯坎帕纳斯辽阔、干透的峰顶点缀着白色圆顶，高海拔加上低湿度，形成万里无云的蓝天。

我在中午抵达，大家刚刚睡醒，时间刚刚好。所有人都刚冲完澡，也饿了，他们列队进入宽敞的大餐厅，仿佛要进行某种宗教仪式似的。他们讲的话类似英语，但这种方言充斥着外人难懂的天文物理学用语。

天文学家凯尔森（Dan Kelson）和马多尔（Barry Madore，弗里德曼的丈夫）坐在我旁边。这是难得的机会，我一点都不浪费时间，直接切入有关宇宙速度及其对于宇宙的未来有何含义这类深奥主题。"我是来这里凑热闹的，"马多尔谦虚地笑着说，"不是来提供终极答案的。"

但稍后在星空下，他变得严肃起来。"我们现在是怀着不确定感与宇宙的扩张共存。"我和他在一座巨大的圆顶里碰面时，他这么说道，而当时圆顶的计算机风扇和驱动马达的嗡鸣声成了我们对话的配乐。不确定性指的不只是宇宙何时从减速变成加速，也涉及这种变速是否会持续下去，到最后甚至反转的情况。不过我认为如果要面对的最糟状况只是不确定性，他也没什么好抱怨的。人类竟敢去触及最快的速度，还有以每秒约8万千米的时速远离我们的恒星群落，这还不够吗？

我很高兴这样一个大型机构将其资源投入这样一个看起来很

棘手的目标——卡内基慷慨捐出了财产，我也这样对他说了。

当我请他比较拉斯坎帕纳斯和其他公开募资的机构时，马多尔说："麦哲伦望远镜运转一个晚上要花掉4万美元，但我们还是可以带着玩心求创新，还能冒点险。这里有一处很大的区别，国家天文台，像基特峰（Kitt Peak），他们完全反对冒险。而这里则是整天都在冒险。"

夜晚给安第斯山脉和我们下方看不见的黑色沙漠带来了晦暗。银河——这个名称应该没让天文学分心伤神吧——灿烂得惊人，仔细看还有很多花纹斑点，好像印象派的点彩画法。银河主宰了智利的夜空。

此刻，在一架6.5米口径巨型望远镜外围的高空通道上，罗思和我会合，我们抬头凝视夜空，一如古代的中美洲人，他们认为银河是所有存在的中心。

罗思授权我可以到处去逛，所以我按指示只打开雾灯就开车上了弯弯曲曲、没有护栏的山路。我从一座圆顶到另一座圆顶，拜访了每一座圆顶里的研究人员。在其中一台6.5米口径的仪器上，我找到了自己一直在寻找的东西。在这儿，来自遥远星系的微光，经过6.5米口径的望远镜的巨大反射镜被放大强化100万倍，已经持续聚光了好几个小时，但还要持续9小时；天文学家无事可做，只能边聊天边等。

和我共进午餐的凯尔森正在搜集来自80亿光年外的星系之光。他注意到我的采访笔记，于是开始解释："这个仪器一次可以测量4000个星系，那样能够搜集到足够的资料。"

凯尔森已经习惯搜集完资料，马上就进行密集分析的无休止循环。38岁的凯尔森来自伊利诺伊州，他才华出众、口齿清晰，曾经协助开发了新技术，就是在一块金属板上切割出数千道精确定位的细缝，以便同时分析一组特定的星系。在数千个恒星群落的星海中发现某个恒星群落有任何值得一提的地方的技术，就好比凡·高画作中的唯一一朵向日葵，这项技术会让它立刻显现出来并加以标示，以供进一步研究。

"我七八岁时，爷爷奶奶给了我一架西尔斯牌的折射式望远镜，"他后来告诉我，"我把每一个星座都研究过，那所小学的图书馆里的每一本天文学书籍我都读过。"

他着了迷。凯尔森在加州大学拿到博士学位，同时也在那儿遇见日后的妻子，并以同等的耽溺不悔钻研冰激淋的制作：他每年都要吃上几百品脱①的冰激淋。

但那些加起来有好几千克的饱和脂肪并未拖延他热情的脚步。在许多个夜晚，他使用夏威夷冒纳凯阿山顶凯克天文台（Keck Observatory，Mauna Kea）的新望远镜观测天空②，以及分析哈勃太空望远镜的资料，并将它们包含在自己的论文研究中。

他正是哈勃想要传递火炬的那种人——能把哈勃宇宙膨胀解释清楚的合适人选。凯尔森融合尖端光谱科技与数字分析的能力，能够追随远去的卡内基天文站的传奇天文学家迈向银河的脚步。

在黎明第一道曙光来临之前，凯尔森会持续侦测以每秒约18

---

① 美制1品脱相当于0.473升。——译者注
② 指凯克天文台两架分别于1993年、1996年启用的全球口径第二大的光学望远镜。——译者注

万千米的惊人速度逃离地球的物体。事实上，凯尔森在几年前就已经发现人类所知最遥远、速度最快的星系，而且在2013年，他又一次观察到这个星系，成为各大报纸新闻的头版头条。

那天晚上最朦胧的暗影，有些可能就位于可观测到的宇宙的边缘，也是人类从古至今所能看到的速度最快之物。这是速度的外缘界限——万物皆居其中的运动包层。①

然而，令人吃惊的是，这些星系团根本没有真正在移动，而是我们与那些星系团之间的空间在膨胀。星系原地不动，就像拼字游戏玩家在等待发音。每一个星系都受到邻近星系的重力推挤，我们看到的超快速度是空间扩张的现象。

当然，可能有人会好奇，如果空间仅仅是一片虚无，自己又如何能够扩张？虚无如何能有所作为？即使奉命要探讨所有状态的运动，讨论虚无的赋动现象还是很奇怪。

但空间并非空无一物，事实证明，空间具有属性。虚拟粒子——瞬生瞬死的次原子粒子——突然存在又突然消亡。虚无具备很多内在能量。根据目前的理论，一个空空如也的蛋黄酱罐子所蕴含的能量，足以在一秒内把太平洋蒸发掉。

这个所谓的真空能（vacuum energy）或是零点能（zero-point

---

① 你可能认为最远的可见星系看起来会最小，因为它们飘向极远之处。但当它们的光在约130亿年前开始踏上向我们而来的旅程时，宇宙比现在小得多，当时这些星系和我们的间隔其实没有很大。它们当时相对接近，因此看起来比较大。即便从无数个年代之前，它们的影像就开始朝我们而来，穿过不断延伸的空间，使得这趟旅程超现实地越来越长，但那些星系看起来还是一样大。所以，当它们的光到达这儿，这些星系看上去要比如它们此刻那般遥远的物体在逻辑上应有的样子大上许多。

energy），遍及宇宙各处。它看似虚无却充满力量，而且无论它是什么，它都变得越来越强大。

所以，在我们这个类似跳棋游戏的自然运动中，第一步棋不只关乎最快的速度，也关乎虚无的狂暴赋动现象。

宇宙学家最常被问到的问题是：宇宙会扩张成什么？

对许多人来说，这是和运动有关的最令人费解的问题，而科学家都听习惯了。问这样的问题意味着你把宇宙描绘成一颗膨胀的气球，而你正从气球外面向里观看。实际上并不存在这样的视角，宇宙并没有"外沿"。会出现这样的难题，是因为提问者已经设定了一个并不存在的制高点。

相反，人们应该想象这样的画面：从一个星系团内部观察其他星系团。我们看见所有星系团都直接飞离我们而去，星系团的间距都在变大。这是关于宇宙的基本真相，我们也都能想象这样的画面。无论我们认为是星系在移动，还是此处与彼处之间的空间在膨胀，结果都是一样的。我们与远处星系之间的间距正在平稳扩大。[①]

不仅如此，宇宙规模变大的速度本身也在增长。我们置身在

---

① 就我们所能观测的极限，宇宙持续每秒变大10兆立方光年。

为了掌握宇宙每秒变大10兆立方光年这个概念，有必要先理解"兆"和"立方光年"是什么。1兆就是一百万个百万。尽管事实上我们不时会碰到这个数字（美国2012年国债为14兆美元），但它还是大得惊人。单单从1数到1兆，以每秒飞快说出5个数字的速度，所需时间相当于从建造金字塔的时代持续至今。立方光年同样是一种会让脑袋呆掉的体积测量概念。你得画一个立方体，每个向度都是1光年。每一边都像600万个太阳排成一排那么长，但别忘了，太阳本身就有地球的100倍宽。事实上，如果有人一秒丢1000个地球进一个立方光年中，并且在大爆炸那一刻就开始丢，到了今天，离填满这个巨大无比的立方体还差得远呢。

场威力激增、自我延续的爆炸之中。大多数的天文学家都认为，这缘自那种遍及宇宙每一个角落缝隙、反重力的神秘力量：肉眼不可见但必须处理的暗能量。从一开始就让万物向外爆开的，大概便是这种暗能量。大爆炸还在继续，这种感觉很真实。整个宇宙这种野马脱缰式的快速扩张，是周遭其他所有运动的框架。[①]

我们的爆炸宇宙，它也包含小范围收缩、坍陷之物——这是披着黑袍的缥缈幽灵彼此拉锯的产物，而其中大部分的引力作用是暗物质所为，斥力则是暗能量所为。后者赢了这场争夺战。暗能量在60亿年前占了上风，虽然我们一直要到拨号电话换成按键电话的时代才获知这个消息。

就算我们有一天能够拥有光速能力——物理学家向我们保证这是不可能的——我们依然无法到达最远的可见星系，就算我们永不停止地航行下去也办不到。由于扩张宇宙的加速作用，等到我们抵达星系此时此刻的位置——为此得在宇宙飞船里待上单调乏味的300亿年以上——我们和星系之间的距离已经扩大到比以前还要远。与这等徒劳无功相比，推巨石的西西弗斯所受的挫折都不值一提了。

的确，我们这么努力企及的星系，到时连星光都看不到。这趟旅程比漫无目标的旅行更糟糕，因为我们的猎物根本消失得无影无踪。

为了不让我们因为这个消息而觉得压力太大，在这些令人眼

---

① 其实，意识或知觉的起源，很可能比大爆炸的根源或暗能量的构成内容更神秘。对于感知怎么可能会从化学化合物或原子碰撞中产生，我们完全摸不着头绪，就连最离谱的乱枪打鸟都猜不到。而暗能量也是名列史上最大谜团之一。

花缭乱的极端运动宇宙参数中，我们发现了令人震惊的秘密。凯尔森亲口承诺，等他的数据收集完整，他会揭露其中几个秘密。然而，如我之后将学到的，发掘自然界的运动和速度的真实故事时，不乏一些可笑的谬误、自私自利的野心和不足为外人道的悲剧。

犯错和茫无头绪从很久以前就开始了。公元前1500年左右，用梵文书写而成的印度教古老经文《梨俱吠陀》（*Rigveda*），就开始思索"水在下游而流入大海"是怎么一回事了。到了《旧约》被书写的时代，重点不在于运动，而在其反面。《诗篇》第93篇第1节说："世界坚定，不得动摇。"普遍的假设是地球静止不动，太阳绕着我们转而我们的星球维持不动，这似乎是无可争议的，因为连白痴都看得出来。你可以看到天空中的东西在移动，你也感觉得到我们并没有在动。

通常的见解是，一如日常生活所见，看起来最快的物体一定是最靠近我们的物体（沿着你这条街开过来的车子转弯要比天空中的飞机快）。对古人来说，这意味着月亮一定比星星更靠近我们。月亮每天快速穿梭于星座间，横越相当于自身宽度26倍的距离。这种派定距离的方式——月亮最近而恒星最远——最终被证明是正确的。所以，古人总算设法不会做错每一件事。

到了古希腊时期，晚上绕着我们转的星星被假定是嵌在某种水晶般透明的球体内——这种想法在古人"不正确"的那一栏又加了一格。但光凭2300年前的工具——也就是没有工具——怎么可能有人能够着手推想真相呢？

然而，这正是一位希腊人所获得的成就。我很荣幸能够介绍他出场，因为他是我的第一位偶像。

　　萨摩斯岛的阿利斯塔克斯（Aristarchus of Samos）生于公元前310年，他思索着天空中这些移动物体并得出正确的结论，比其他人早了18个世纪。数学家暨天文学家阿利斯塔克斯是第一个说太阳是太阳系中心的人。他还说，地球绕太阳轨道运行的同时，也像陀螺一样旋转。这在他同时代的人听来，一定觉得他快疯了。的确，阿利斯塔克斯遭到希腊同胞柏拉图和亚里士多德的驳斥，甚至嘲弄，他的洞见——根据月亮的阴晴圆缺和日月的相对位置而来——未能"流行"起来。就连与阿利斯塔克斯同时期的萨摩斯岛同乡伊比鸠鲁（Epicurus）——没错，就是那个喜欢享乐人生的伊比鸠鲁——都声称太阳在不远处徘徊，而且直径只有0.6米。0.6米！或许，这就是饮酒狂欢的享乐论者不适合研究数学的早期证据吧。①

---

　　①　尽管在接下来的几个世纪里，希腊和罗马学者一再引述阿利斯塔克斯，但对于这位说出我们的世界在动的第一人，依旧可以说是一无所知。早在哥白尼之前将近2000年，只有萨摩斯岛的阿利斯塔克斯主张，地球绕太阳这个较大天体公转的同时，也像陀螺一样自转，比宇宙万物毫无例外地绕着我们转更有道理，即便两种现实所产生的视觉观测结果相同：天体都会横越我们的天空。遗憾的是，他的智慧来的不是时候，亚里士多德的地球中心论已经散播得又远又广。我一时冲动下不惜重金，决定前往萨摩斯岛，去发掘我在美国国内所有书面或在线资料才找不到的阿利斯塔克斯真相。于是在2012年7月，我出发前往那座爱琴海上的大岛。我雇用一位翻译，采访了萨摩斯考古博物馆馆长及其他数十人，想要获取一些新知。我原本估计这会是很酷的一章，但我错了。尽管这趟漫游启程时充满希望——萨摩斯岛的机场叫作阿利斯塔克斯机场——结果却是连萨摩斯岛都对他的生平、至少是对他青年期之后的生平一无所知。就算他有一本硕果仅存的著作流传下来，也无济于事。破纪录的热季，每天达到40.5摄氏度，这是我的努力所换来的唯一奖赏。最先揭露我们的世界一边自转、一边疾驰穿过太空的阿利斯塔克斯，依然是个谜。而你们的作者，原本期待写出充满启示的一章，最后除了这条脚注之外别无所获。

与此同时，怪异的天文事件，像是日月食，加上地震及其他天灾人祸，通常被看成是上帝或诸神之怒的显现。而找出神祇何以如此震怒的原因，以能平息其怒气，便成了人类的职责。更有甚者，30个世纪以来，对生命产生威胁或被认为可能如此的自然事件——包括彗星、行星、日月食、暴风雨和瘟疫——都被当成是诸神之怒的预兆。预兆解读是一种广受欢迎的活动，而且对那些能言善辩的人来说，还是一门有利可图的生意。希腊文和拉丁文中都没有"火山"这个字眼，这个例子说明了一点：比起人们所揣测的背后原因——神之怒，物理事件有多么不受重视。

与此同时，对理性的希腊人来说，比起"为何万物伊始皆应能动"这个根本问题，什么动、什么不动一直是个次要的课题。这个问题也许看似不可解，但古希腊哲学家留基伯（Leucippus），以及他的学生、生于公元前460年前后的德谟克利特（Democritus），两人率先提出万物皆由名为"原子"（atom）的极微小移动粒子所组成，并推广这一观念。他们说，每一个原子都是无色且不可分割的，而当原子聚集起来形成我们周遭的各种物体时，那些物体的动作就是这些原子运动的结果。

这个原子理论成了自然界赋动现象的一个广受好评的解释。但这个信念持续的时间和现代"猫王没死"的想法一样短，最后撞上了亚里士多德的天才发现。

亚里士多德生于公元前384年的希腊大陆。他多产的著作包罗万象，质量参差不齐，不过有许多谬误是承自他的老师柏拉图。这些谬误有些算小错，比如他相信重物落下的速度比轻物快；有些则是大错，比如他坚称地球是所有运动不动如山的中心。

在那本开山立派的《物理学》（*The Physic*）一书中，他花了无数页探讨运动的原因与本质。在其中一本分卷（卷二）中，亚里士多德声称运动的开始是因为自然界"期望达到某一目标"。

但重点就在这里。不管是希腊原子论或亚里士多德哲学，自然界的运动皆源自每一个物体内部。这和我们现代思想相反。现在科学断定，除非受到外力作用，否则任何东西动都不能动一下。

亚里士多德的许多观念至今依然可供我们深思。卷四讨论时间作为运动的一项性质，他说，时间不能独立存在。他这句话也意味着时间必须有观察者才能存在。这两种概念都非常符合现代量子理论的想法。时至今日，少有物理学家认为时间除了作为动物的知觉手段之外，还有任何独立的实在。

在《物理学》一书中，亚里士多德通过宇宙及其运动永恒长存的主张，解决了古老的"原动者"（prime mover）之谜。你不需要一个初始促动者来让球开始滚动。一切物质都在运动，且一直在运动，因为运动是它们的本质。

换言之，当我们凝视自然界无休无止的赋动现象，我们看到的是一场无需因果关系的盛大游行庆典：每一个移动物都展示出永恒太一（the eternal One）的鲜活动力。这听起来非常像印度教的不二论（Advaita）或佛教教义。

亚里士多德还说，物质的能量永不消灭。关于这一点，亚里士多德的说法也得到了现代科学的证实。19世纪以来，我们已经接受宇宙总能量永不衰减的事实。

虽然有这一套五花八门、古怪深奥的概念，但对于亚里士多德那本论事物为何移动的皇皇巨著，人们记得最清楚的却是另一个面向：元素。其实，他这个概念是借自公元前490年前后生于西西里岛的恩培多克勒（Empedocles）。此后2000年间，这个理论基本表明万物皆由土、气、水、火（或其混合）所构成，亚里士多德又加上了一个神圣的第五元素：只能被天上的以太找到（ether）。

亚里士多德说，每一种元素都偏好存在于特定位置，如果可以，就一定会往那儿去。他说，这就是运动的核心缘由。

举例来说，陶土锅用土制成。这种元素本质上属于宇宙中心的领域（也就是地底下），因而渴望回归该处。所以，陶土锅稍受引动便会坠落，因其自然运动就是往下的，那会让它离"家"更近。

水元素也想要往下走。其领域为海，对古人来说，海就是最低领域周围的区域——由泥土、黏土和岩石所组成。这就是为什么组成成分含有很多水的人很容易跌倒撞伤。我们的身体想要坠落。但泡在海里的时候，我们不会坠落，甚至不一定会沉下去，因为我们身体的水元素此刻已然"到家"，在其自然环境中安歇。

另一方面，火属于在我们上方高处的神秘领域，因此其自然运动是往上的。这说明了为什么火和任何与其相关的事物，比如烟，很容易向上升。气元素是另一种居于上方高处的实体，这说明了为什么水中的气泡总是往上冲。

"位置"的概念也由此而生——每一种事物皆有其偏好的位置且尽力要往该处去。亚里士多德说，自然位置有一种潜能

（dunamis），也就是产生运动的能力。

以前这些全都说得通。现在依然说得通，即便是错的。亚里士多德有关事物为何移动的概念支配了80代人，一直盛行到文艺复兴时期。观察能力出色如达·芬奇，依然将这种概念奉为典范，经常以暗喻的形式提到四元素。

达·芬奇的著作把当时对于运动的信念说得透彻清楚，尤其是以明快易懂的文字思索了力的本质：

> 它因暴力而生，因自由而亡。
>
> 阻其破坏者一概怒而逐之。
>
> 力总是敌视任何想加以控制的人。
>
> 它乐于把自己耗尽。
>
> 它总是渴望变弱、渴望穷尽自身。

根据这些出自1517年一份达·芬奇手稿的引文来判断，显然他把力——运动的另一个促发因素——看成几乎是有知觉的存在。它有审慎考虑过的目标，就像《蒙娜丽莎》这幅画作，是经过构想和梦想的。

又过了170年——牛顿在《自然哲学的数学原理》（*Philosophiae Naturalis Principia Mathematica*）一书中阐明他的三大运动定律——事物如何及为何移动的现代概念，才终于出现。

当然，我们身为自然界连续不停之动作的观察者与参与者，真正的乐趣就在于冷眼旁观这出华丽大戏。而接下来我将学到，即使缓慢呆滞也会给人带来巨大的惊喜。

第2章

大陆漂移与火山爆发

我准备好要走了，无论去向何方……
——鲍勃·迪伦（Bob Dylan），《铃鼓先生》（*Mr. Tambourine Man*），1964

●　　●　　●　　●　　●

人的大脑有偏见。我们天生就会注意突发动作。

当我们呆望窗外，想着要缴多少税，如果突然有什么风吹草动打破这宁静时刻，马上便会吸引我们的目光。比如，兔子从灌木丛里冲出来。这个场景里可能早就有数不清的东西在慢速移动——毛毛虫慢爬、树枝微微晃动、云影变幻——但我们不会去注意。虽然我们会注意突如其来的快动作，但不被我们注意的、地球上的慢速缓步、匍匐行进的物体，对我们生活的影响远大于兔子突然冲出来。

我们对速度的偏见，最晚从有书写文字就开始了。尽管古时候的生活步调远比今天悠闲，但古代的重要文献资料也很少表现出对"慢"的关注。没错，大家都知道，太阳下山的地方与黎明时分首次出现的位置相距180度。农业社会在乎麦子有没有长得更高，但重要的是最后的结果。他们不知道，不然就是不在乎玉米1天长高2.5厘米——一种难以察觉、连钟的时针都比它快上20倍的动作。

我们全都是受缚于自身经验的囚徒，而人类的运动便是我们称为快或慢的标准。速度最快的真实人物至今仍在世：牙买加的博尔特（Usain Bolt）。他在2009年柏林世锦赛的百米赛跑中跑出9秒58，相当于每小时37千米的速度。这是人类只凭自己双腿能达到的最快的行进速度。仿佛要证明这不只是昙花一现的侥幸，他在2012年伦敦奥运会时把所有竞争者全甩在了身后。

当然，没有人能长时间维持这样的速度。人类跑1.6千米的最快速度为3分43秒13，相当于每小时25.8千米。马拉松跑者所达到的最佳纪录为每小时20千米。我们衡量动物快或慢，是根据"他们能不能从后面赶上我们"这个古代重要课题。[①]

但我们此刻所要探索的，是比"快"更为普遍的懒散现象。说到懒散，那些三蹄哺乳类动物不应背上一无是处的名声。树懒即使有急事，每小时也只能走0.1千米。就像电影《西区故事》里的Ice唱的："脚步轻，声音小，轻松把事办"；单单1.6千米，最兴奋的树懒需要夏日里漫长的一整天才能走完，连大海龟慢慢跑都比它的速度快25%。

---

① 有一则老笑话是关于两名被熊惊吓的露营客的。其中一名全速跑掉，另一个紧跟在后。当他们气喘吁吁地会合时，第二个家伙说："你干吗跑？你真的以为你跑得过熊吗？"第一名露营客耸耸肩回答了这个问题："我不需要跑得比熊快，只要比你快就行。"

速度感知这件事有点微妙。某物只要在短时间内移动相当于自己身体长度的距离，我们就认为它快。举例来说，旗鱼每秒游自体长度10倍的距离，因而被认为非常快速。但即将降落的波音747客机一秒内只能飞越自体长度1倍，它因为自身的巨大而在视觉上吃了亏。从远处看，下降中的大型喷射机看似几乎没动，那是因为它要花整整一秒才能完全离开现在的位置。但实际上，它移动得比旗鱼快4倍。

现在来想想细菌。已知细菌有半数能够自己前进，通常是靠着挥动其鞭毛——看起来像尾巴的螺旋状长附肢。细菌慢不慢？在某种意义上，慢。最快的细菌每秒能跨越人的一根头发粗细的距离。我们应该觉得印象深刻吗？

不过，把镜头拉近来看，这种运动就会变得不同凡响。首先，这种细菌每秒移动了自体长度100倍的距离，有些能做到移动自体长度200倍的距离。按其相对大小，细菌游得比鱼快20倍，这等于短跑运动员突破声速障碍一样。而且，细菌所行经的距离快速增加。细菌每小时可移动0.3、0.6厘米，难怪疾病会传播。

其他令人害怕的运动也随时在我们家中出现。例如空气中的灰尘，许多灰尘的组成成分是细小的死皮碎片。注意看阳光穿过窗户射进来的光线，你家里无所不在的浮尘便会变得明显。毕竟，单就其本身而论，我们看不见光线。在家里，只有当光线击中数不清的慢速飘浮粒子时，我们才看见光线。在非常潮湿的情况下，微细的水滴能捕捉到光，但干燥的空气中都是灰尘。

乍看之下，悬浮微粒好像哪儿都不去。这些粒子随着最微弱的气流或上或下地移动。但要是让房间空着——比如说晚上，那时候没有人会去动任何东西——那么这种死皮和其他碎屑会以每小时2.5厘米的速度下降。那些到处乱窜的细菌都比这快10倍。有谁曾想过我们的家是这么令人毛骨悚然？

在可见领域内，我们身边的慢速运动典型就是我们的指甲，还有头发。

指甲每两个月长0.6厘米，这是头发生长速度的一半。如果我们像牛顿和爱因斯坦那样忘了与理发师有约，便会发现自己的头发每年长15厘米。

但指甲的变动方式很有趣。比较长的那几根手指，指甲长得比较快速，小指指甲长长的速度很慢。脚指甲的生长速度只有手指甲的四分之一。手指甲对刺激有反应，这就是为什么打字员和对计算机上瘾的人有比其他人长得都快的指甲。或许，这也解释了为什么我们作家当中有这么多人喜欢咬指甲。

指甲在夏天长得比较快，男性的长得比较快，不抽烟的人长得比较快，还有怀孕的人长得比较快。但指甲在你死后就完全不长。

地球上慢速运动最戏剧化的例子，大概是地球本身吧。洞穴里的钟乳石和石笋，一般而言是以每500年2.5厘米的速度延长。相较之下，山的运动则相当快速；拿喜马拉雅山举例来说，它每年把自己推高5厘米。①2006年的一项研究显示，山脉隆起到最大

① 对任何研究人员、编辑或作者来说都很挫折的一种经验，就是替某个本应众所周知的物事寻一锤定音的数据。有些权威说喜马拉雅山每年升高多达6厘米，有些则说是每年0.36厘米。你可能会认为，在我们这个GPS流行的现代，这应该已经搞定了吧。这么说好了：在你我这一生当中，圣母峰会长高0.3米，不然就是4.8米。

★弗吉尼亚州谢南多厄山谷（Shenandoah Valley）的卢雷洞穴（Luray Cavern）里，钟乳石映照在反射如镜的池面上。这些尖端向下的构造长2.5厘米，一般来说得花上500年

高度，一般来说只需要200万年左右。

事实上，你自己也在移动，即便是瘫在沙发上看电视的时候。如果你住在美国的话，所有板块都在移动，带着你和你的电视西移。你可以躺在床上高唱："加州，我来了！"但1年只移动1.3厘米，你最好把你的坚果带着。

最先发现这种地壳漂移现象的是奥特柳斯（Abraham Ortelius，1527—1598），他是16世纪后期备受敬重的佛兰芒（Flemish，今属比利时）制图师。他写道"地震与洪水……把美洲从欧洲与非洲撕裂开来"，接着又提到，"如果有人拿出一幅世界地图，并且细看这三个（大陆）的海岸线，这种分裂的痕迹就会自己显露出来"。

19世纪中叶，未曾听过奥特柳斯理论的普鲁士自然科学家洪堡特（Alexander von Humboldt，1769—1859）在绘制南美洲东岸地图时发现，地图上所浮现的轮廓线与非洲西侧看似两块相连的拼图片相似，合乎逻辑的唯一结论是大陆漂移。但这项惊人发现的功劳没有算在这两人身上，也没有其他科学家接受这个想法予以发扬光大。一直到德国地球物理学家韦格纳（Alfred Wegener，1880—1930）在1912年提出大陆漂移假说，人们才开始认真看待这种现象，尽管在接下来的半个世纪里，批评者还是多过支持者。

这个情况是你先看出结果——大陆运动——却还没想出造成这种运动的原因，但这个问题一直悬在我们眼前。地表底下是什么？显然是熔岩——我们现在称之为岩浆。这是一种液体。突然一切似乎都说得通了：所有大陆都漂浮在这浓浊、稠密的流体之上。而如果大陆会漂浮，显然也有可能会位移。这是一种可能会把大陆往一旁推的机制或力量，问题马上来了。有没有试过推一辆抛锚的车？想象一下，移动一个像亚洲这样巨大的物体所需的扭转力有多大。大陆可不是池塘里的浮藻。

这就是大陆漂移的观念在顶尖地理学家之间未被广泛接受的原因。事实上，这个观念有好几十年都被斥为无稽之谈。没有人提出似乎真正说得通的机制，至少没有一个机制可以用数学来运算。一直等到20世纪50年代，尤其是20世纪60年代，大陆运动的真正原因才终于现身。这个原因一直隐身在数千英尺深、漆黑一片的咸水之下。

那便是海底四散分裂这个颇具戏剧性但无人知晓的实况。海中火山活动制造出越来越大的裂缝，并迫使漂浮中的大陆间隔日远。大西洋中脊这个最大的断层带是主要的地壳分裂点。

如今我们知道有八块分离的漂浮陆块，各自朝不同方向轧轧推进。夏威夷岛链是移动最快的，以每年10厘米的速度朝西北方推进。我们现在也可以拿两个大陆外沿的地理形状来简单配对，证明两者在不远的过去是相连的。举例来说，南美洲东部和非洲西部不只共有独一无二的特有岩石构造，还有着别处找不到的同类化石，甚至是活生生的动物。类似的情形还有阿巴拉契亚山脉和加拿大的劳伦山脉（Laurentian Mountains），与爱尔兰和英国的岩石结构是完美的连续型配对。所有证据都证明，分裂的所有大陆一度是单一的超级大陆——著名的盘古大陆（Pangaea）。盘古大陆在三亿年前形成，一亿年后开始断开。

在盘古大陆之前，是多块漂移大陆被几片海洋隔开的漫长岁月，再之前又是单一、无断裂的超级大陆被整个星球的水域覆盖环绕的时期，两者轮流交替。盘古大陆之前的单一超级大陆各有名称，像是乌尔（Ur）、尼纳（Nena）、哥伦比亚（Columbia）和罗迪尼亚（Rodinia）。我们人类一个也没看见过。即使是11亿年前的罗迪尼亚大陆的住民，也绝不会在运动衫上印个R，自豪地昂首阔步。它们是用显微镜才被观察得到的生物，只能生存在海中。

所以，大陆漂移的过程中有某种延续不断且不可避免的东西，在数千万年间大幅度改变了地球的样貌。那是慢速的、大规模的、不休不止的运动——看不到也感觉不到。

我们人类对事物的度量与分类有强迫症，但谈到速度，我们发现有一个非常明显的终止点：最低速度。没有任何东西可以跑得比"停止"还慢。但要找出有哪一种东西在任何层面都不运动，会非常困难。

如果我们仔细看，连睡觉中的树懒也有细微的动静。它在呼吸，而且它的身体抖得很凶。但很酷的是，我们发现，某物越冷，就动得越慢，所以真正的无运动意味着达到无限冷的状态。

即使在地球上最冷的地方（南极，1983年在那里记录过零下89摄氏度的严寒），还是有很多的原子在运动。原子只有到了零下273.15摄氏度才停止运动，那就是绝对零度。19世纪中叶，脾气虽坏但才华洋溢的爱尔兰裔英籍科学家开尔文爵士（Lord Kelvin，1824—1907）最先确认这一点，而应用越来越广泛的开氏温标便是他的身后荣誉：这套温标将其零度定在绝对零度点〔而不是像瑞典天文学家摄尔修斯（Anders Celsius，1701—1744）定在水的冰点，或是卤冰融泥的温度，这是波兰物理学家华伦海特（Daniel Fahrenheit，1686—1736）选定为其温标起点之处〕。

一直到20世纪60年代中期，天文学家认为，如果把温度计放在远离任何恒星之处，就会记录到遍及宇宙各处的绝对零度。现在我们知道，大爆炸的热能产生5度的暖度。[①]几乎充塞着宇宙的每一处缝隙，通常以开尔文量表示为2.73度（而且宇宙一直在变

---

① 作者此处所说的5度或指1948年由阿尔菲（R. Alpher）与赫曼（R. Herman）推估的数字，目前最精确的数字是接下来所提到的2.73度。——译者注

冷，之所以冷却是因为宇宙如喷罐喷出的发泡鲜奶油那般扩张：80亿年前是现在的2倍暖）。

宇宙已知最冷的地方，也就是宇宙的终极明尼苏达[1]，就在地球这儿，某些研究实验室于1995年首次制造出高于绝对零度不到十亿分之一度的温度，这种科技极冻引出了"爱丽丝梦游仙境式"的怪异状态。当原子运动停止时，物质会丧失所有电阻，产生超导性（superconductivity），也会出现奇特的磁性（迈斯纳效应），使得磁铁像魔术师助理般飘起来。然后还有超流现象（superfluidity），液态氦反抗重力，沿着容器侧边往上流，像一只逃跑的机灵老鼠般上下乱窜。最后，任何物质趋近绝对零度时，便会形成新形态的物质。非固体、非液体、非气体，等离子体，称为玻色–爱因斯坦凝聚（Bose-Einstein condensate）。光射入其中，光子本身近乎停止。[2]

但对自然界慢速物体的探索，如果没有检视过最常见的和缓慢联想在一起的那一种物质，就不算完整。我们说的是糖蜜，慢得跟糖蜜一样。

基于一丝不苟的科学精神，我们的目标是要针对糖蜜的精确黏度（黏性）找出实际的测量与定性方法。要挖出这项信息并不容易，2004年刊在《食品工程期刊》（*Journal of Food Engineering*）上的一篇文章有一段令人昏昏欲睡的摘要：

---

[1] 明尼苏达是全美最冷的州。——译者注

[2] 过去18年来，美国国家科学技术中心（National Institute of Science and Technology）的科学家和麻省理工学院德国物理学家克特勒（Wolfgang Ketterle, 1957—）的实验室之间，存在着研究上的竞争关系。两边你来我往，每隔一段时间便制造出胜过对方的史上最低温。

　　针对添加或未添加乙醇的糖蜜的流变学性质研究是
利用黏度计就各种温度下（45~60摄氏度）、每100克糖蜜
添加不同剂量乙醇的糖蜜乙醇混合物（1%~5%）及4.8~60
rpm不等的转速所进行的。小于1的流态指数证实了拟塑性
（n=0.756~0.970）……

就这样继续下去，最后终于到了关键的段落：

　　阐述表观黏度的模型的适用性是运用各种统计参数加以
判断的，诸如平均百分误差、均值偏差、均方根误差、建模
效率与卡方。

好吧，所以，糖蜜有多黏、多慢？还有，它到底是什么？

　　糖蜜其实有三种形态，这三种形态全都源自糖的精制。简而
言之，你榨甘蔗然后煮汁，萃取蔗糖并加以干燥，剩下来的液体
就是糖蜜。最初的流体剩余物称为第一糖蜜。如果你接着再次加
以煮沸并萃取出更多的糖，便会得到第二糖蜜，这种糖蜜有一种
非常淡的苦味。第三次煮沸糖汁会产生赤糖糊，这是1920年前后
发明的词。因为甘蔗原汁里的糖此时大半已被取出，所以赤糖糊
是一种低卡路里的食品，这是由于其中剩余的葡萄糖含量较低的
缘故。好消息是赤糖糊含有一些没有在制造过程中被取出的优良
成分，包括数种维生素和大部分的矿物质，如铁和镁。但我们真
正关心的不是这些，我们关心的是它有多慢。

黏度就是液体或气体的浓稠度。流体越不黏，越容易运动。黏滞流体不只是"跑"得比较慢，在倾倒时还可以明显看出不太会飞溅。

理所当然，我们常会拿水的黏度来与其他液体的黏度做比较。如果水在科学化黏度分级表上的级数被定为1，那么一般来说，血液的级数是3.4。所以，血液真的比水浓稠一点。而硫酸的黏度为24。你以前知道为什么这种可怕的酸这么像糖浆吗？

闲话说够，言归正传。下面是真正慢速的流体：

常见流体黏度

橄榄油	81
蜂蜜	2000 ~ 10,000
糖蜜	5000 ~ 10,000
西红柿酱	50,000 ~ 100,000
熔化的玻璃	10,000 ~ 1,000,000
花生酱	250,000

所以，把糖蜜忘了吧。"慢得跟花生酱一样"比较能表达出对流动的阻抗。然而，大多数人可能不认为花生酱是液体，因而取消它的"运动竞赛"资格。当无聊的孩子们用一根汤匙把东西弄得尖而不倒，就很难认为那东西是流体。

糖蜜确实曾有过昙花一现的"名气"。世界史上最壮观的糖蜜事件发生在1919年的波士顿。在1月异常暖和的一天，刚过中午，6摄氏度，比一年中这个时节的正常气温高了10摄氏度。当时，在商业街上靠近北端公园的地方，有一个焊接不良的六层楼高的巨型圆柱体储存槽突然破裂，946万升的糖蜜喷了出来。如果没有21条生命因为遭吞陷淹没在黏稠的巨浪中惨死，那倒是幅有趣的景象。

在灾难现场上方，一列满载的高架火车正好经过，车上满眼惊恐的乘客眼看着储存槽解体及黑墙般的渗出物逼近。黏稠的流体破坏了高架列车的钢构支架，当支架发出咔嚓声折断时，轨道坍塌几乎触地——不过列车已经前进得够远，停在往前方几百米处的半空中。

慢得跟糖蜜一样，这种说法在1919年的流行用语中已牢不可破，即使这四层楼高——那是因为糖蜜原本就那么高——海啸般流体的速度据估计有每小时56千米，能够追上每一个想逃离的人，还是无法抹灭糖蜜作为缓慢的象征。

当然，当我们想着缓慢液体所引发的危险时，脑海里第一个浮现的通常不是糖蜜，而是熔岩。

说到天灾地变，自古至今没有任何事件像庞贝和赫库兰尼姆（Herculaneum）的彻底毁灭那般，一直根深蒂固于我们的集体意识之中。

且让我们设身处地，想象下公元79年提图斯（Titus）称帝那年的古罗马。那是一个骚乱的时代，因为在取得帝位之前，在他父亲短暂统治期间，提图斯一方面指挥犹太战争获胜并摧毁了耶路撒冷，同时与犹太女王贝雷妮丝（Berenice）发生了桃色丑闻。真是面子要了，里子也拿了。接着，就在他即位两个月后，维苏威火山爆发，在当时，少有人不把这场天灾联想成众神对新皇帝似乎靠不住的个性提出意见，而他的麻烦才刚开始。

公元79年，维苏威火山的喷发使得萨尔诺河（Sarno River）改道、海岸上升，此后，庞贝既不毗邻河岸，也不靠海。

科学让我们得以回顾维苏威火山的起源。钻探到约2000米，到其侧翼取得岩心样本，并运用钾氩定年法测定年代，显示维苏威火山诞生于25000年前科多拉火山（Codola）的普林尼式喷发，而整个地区历经全面性火山活动已有约50万年之久。

维苏威火山是由接连几次的熔岩流所造成的，其间散布着几次较小型的爆裂式喷发。大约19000年前，维苏威火山的定期喷发变得更加具有爆裂式，甚至有普林尼式的特征。

在庞贝之前，大约3800年前的阿韦利诺（Avellino）火山喷发摧毁了几个青铜时期的聚落。2001年，研究这一事件的考古学家发掘出几千个人类脚印。这些人显然都试图往北逃，也就是亚平宁山脉的方向，放弃即将如同庞贝一般、埋葬在无数吨灰烬与浮石之下的村落。快速流动的火山碎屑狂潮沉积在16千米外，此处就是今天的那不勒斯建城之地。

任何一位庞贝和赫库兰尼姆的居民要是能读到经典文献，应该都有充分的理由对此表示忧心。公元前217年的一次普林尼式喷发，就引发了意大利各地的地震，普鲁塔克（Plutarch）曾写道，"那不勒斯附近的天空着了火。"

但到了公元79年，山麓低坡处处是花园、葡萄园，吸取肥沃火山土壤的滋养，其中含有高比重的氮、磷、钾和铁。这是一个繁荣兴盛、人见人爱的地方。靠近山顶的平坦处有陡峭的断崖屏障，公元前73年，斯巴达叛军在此处设立了大本营。

后来，提图斯登基即位，仅仅八个星期后，至少造成一万人死亡的天灾地变就来了。小普林尼在写给罗马历史学家塔西陀的信中，提供了扣人心弦的第一手记录：

> 令人畏惧的乌云被锯齿状的疾驰闪电撕裂，露出云后形状变化多端的一团团火焰……不久，云开始下沉，覆盖海面。先前，云早已遮蔽了卡普里岛和米塞诺……此时灰烬开始落在我们身上，虽然量不多。我回头望，一片漆黑的浓雾似乎正跟随我们之后，像云一样遍布乡野。"我们转向离开大路吧，"我说，"虽然现在还看得见，但万一我们在路上跌倒，恐怕会在黑暗中被跟在我们后面的群众推挤至死。"

普林尼接着写道：

> 外面不是像天阴多云之时，或是无月之夜，而是像房门关上且灯火尽灭的室内。你可能听到女人尖叫、孩童哭喊、男人嘶吼。有的在找他们的孩子，有的在找双亲，有的在找丈夫，试图凭借回应的噪音认出彼此……

距离罗马北部240千米（走陆路）的地方，喷发的云雾和关于这场喷发的惊狂之语，几乎转眼便至。提图斯反应迅速。

虽然罗马帝国行政官员的名声，很难和今天的红十字会这一类富于同情心的机构相提并论，但许多皇帝其实对自然灾难的反应真的很慷慨。面对大型灾变，提图斯指派两名前执政官组织了一场令人印象深刻的赈灾募款，并由帝国国库捐赠大笔金钱，以援助火山受难者。不只如此，他还在火山喷发后不久就去探视被掩埋的城市，公元80年他又去了一趟。原本这样应该足以保住他的民意支持度，但他没能把灾难处理好。

灾难不断降临。紧接在维苏威火山灾变之后，罗马发生大火灾。接着，以火灾肆虐区为中心向外辐射的模式，毫无疑问是循鼠类逃窜路线，爆发了致命的黑死病。连喜欢提图斯的占卜师也想不出办法帮他化解。似乎只要他坐在宝座上，帝国就会一直多灾多难。于是，他帮大家松了口气。公元81年，他突然发烧，死于42岁之年。在提图斯短暂、狂乱的统治之后，维苏威火山始终平静，时间超过一整代人的寿命长度。

当然，平静只是一时。1631年12月，维苏威火山喷发造成遍地伤亡，这座山重新成为目光焦点，不过这次是透过现代科学探索的透镜。这次火山喷发成了许多学术论文的灵感源泉，尤其是那不勒斯众多的学院，因为文艺复兴时代的科学家想知道地球如何从稳固状态变得流动又火爆。直到此时，科学家才开始确认公元79年8月24日至25日的毁灭性事件的事实，一直到了20世纪90年代，才达到接近透彻了解的程度。

我们今天知道，那次火山喷发是一出两幕式悲剧。最先来的是普林尼式阶段，炽热物质往上爆发喷出，形成高耸圆柱，最后向外散开，再像冰雹般落下。一开始由喷出物质构成的蘑菇云看起来就像今天的核爆，从8月24日中午开始，快速上升到约2万米的高空。接下来的18小时里，出现了灰烬与浮石的不祥黑雨——

主要在维苏威火山南方，这是因为那天风向的关系。落下的浮石每颗约有1.3厘米宽，总计把庞贝埋了约2.5米深，但一开始并没有对人命造成危害。

火山喷发最初的几个小时是以慢动作展开的。许多人躲在被火山落尘快速掩埋的家里缩成一团，一边十指交叉、一边还是抱着生存的希望，希望他们的屋顶或许撑得住那重量，即使身旁的房屋结构已经开始往内塌陷。现代的估算显示，当落下40厘米深的浮石，将产生每平方米247千克重的负荷，那个年代的屋顶就开始撑不住了。即使是少见的、盖得非常好的原木屋顶，在整个浮石层的重压下也会坍塌，在那一刻所需承受的是不可能被负荷的每平方米2300千克重。这远远超出现行混凝土仓库建筑法规的要求。因此，庞贝城内没有任何结构物能撑过火山喷发最初的普林尼式阶段，我们只能期望居民早就逃离而去，因而有可能他们并未亲眼看见下一个阶段：炽热物质再加上1.2米的灰色浮石，看起来就像超大蛋糕上的糖霜。

第二天早上，18000名庞贝居民为求活命而奔逃。我们知道这一点，是因为遭掩埋的塌陷屋顶和楼板废墟下只找到大约2000具尸体。此时将展开的，是这出悲剧极其致命的培雷式阶段。

可怜那些尚未死亡的居民，这要命的第二幕的特点是奔腾轰鸣的火山碎屑流——雪崩般的灼热气体和尘埃以每小时96.5千米的速度，从山上紧贴地面直落而下。[①]

---

① 火山碎屑是火山爆发时形成的岩石碎片。"培雷"一词源自著名的加勒比海马提尼克岛培雷山，1902年火山大喷发之后，"火山碎屑流"一词首度在科学上被定义出来。

大多数人的死亡都是这些气体所造成的，因为它们的温度高达750度且混合了几乎烧到发红的尘埃颗粒。气、尘混合物把肺给烧焦了。每一口呼吸都会致命，人不可能做任何抵抗。比烤箱还热的强烈热度把这一带许多有机物质都变成了碳。许多受害者被发现时，头顶盖已不知去向。

所以，慢速运动的熔岩不是公元79年庞贝事件的元凶——熔岩后来在1906年害死了100多人，当时维苏威火山喷发产生了历来最多的熔岩。而因基拉韦亚火山（Kilauea）爆发，几乎摧毁了夏威夷。

但"慢速运动"不一定意味着"温和"，细菌就是明证。的确，运动太过悠哉以致不知不觉，如今正令数百万人持续担忧着。而有一种这样类型的运动，显现于古往今来鲜少有人造访之地——一个将来甚至可能不复存在的地方。

第3章

移动的南北极

世界转动，此点不动。

——艾略特（T. S. Eliot），《焚毁的诺顿》（*Burnt Norton*），1935

● ● ● ● ●

1分钟10厘米。

你大概认为这太慢了，但没有任何自然界的运动比"南北极正在位移"这则新闻标题更能引发恐慌，这是新世纪派惊悚文学与主流科学结合体式的新闻。有些嫌高血压还不够他担心的人害怕我们可能濒临全球性灾难，祸端根本不在天际星辰，却是在我们的大地之母。

成为邻里间的极地移动知识专家，既简单又有趣，只有几件事要学。其中一项事实，也是基础知识，我们四年级上地球科学课时就已经学到了。这项知识是：我们的地球有两组南北极。两组之间毫无相似之处。两组都一直在运动，但效应截然不同。

一直在疯狂运动、速度前所未见且引发"这是什么意思"的种种焦虑——这组南北极是磁极。但我们先来谈谈与它们相似的地极。

地极是地球旋轴与地表相交之处，是经线汇聚成一个针孔般小点的地方，位置就在北纬90度与南纬90度。这两个极点是绝无仅有的无经度之地。北边那个位置便是圣诞老人住的地方。当你站在北极，你踏出的每一个方向、任何一步，都是向南。其他方向都没有意义，你可以把你车上的GPS关了。

在南北极，也只有在南北极，你才不会被地球带着转。

如果你住在赤道，你随着地球转动，以每小时1670千米向东飞驰，这个速度几乎不因你移动而改变。往北5度，或是560千米，旋转的时速少了无关紧要的6.5千米。但接下来的560千米让时速降低了19千米。等你到了布鲁克林，移动的速度只有每小时1280千米，而再往北560千米会让你再慢96.5千米时速，开始低于声速了。

（你在地球上的哪里会刚好以声速转动呢？纽约的伍德斯托克悠闲的嬉皮之地，依然是热衷音乐之地。谁说反讽不是处处有呢？）[1]

地球在高纬度减速之快，没多久便一发不可收拾。美国阿拉斯加州的费尔班克斯（Fairbanks）仅以每小时680千米的速度在旋转，在北极是零。你几乎就是动也不动地站在那儿，像个白痴一样，转得太慢，谁都没发觉，12小时后则面向相反的

---

[1] 声速有一项限制条款：会随温度而改变其速度。不是压力或海拔高度，只有温度。例如，本书从头到尾提到的声速都是每小时1236千米，但只有在室温或20摄氏度是如此。声音的运动在冰点0摄氏度显著较慢，只有每小时1193千米。在22摄氏度以每小时1240千米、在24摄氏度以每小时1245千米疾驰，而当27摄氏度时，则为每小时1250千米。

方向。

因为90%的人住在北半球，让我们屈服于"北半球偏见"，向我们的澳大利亚的、新西兰的、南非的和南美的朋友们说声抱歉，为求简明扼要，把焦点放在北极。不管从哪里出发，你直直朝着正北就到得了那儿——驯鹿不住那儿，没有人住那儿。北极位于北极海里，北极海原本随时都会结冻，但现在到了小孩放假在家的夏天就成了开放水域。

成为第一个到达该地点的人曾是你所能做到的最有声望的事。这要是在一个世纪前，你马上会成为名人。问题是，与外界没有通信，而且1600千米内渺无人烟，你，还有被你游说到愿意同行的不管是谁，一切都要靠你们自己。即便你不知怎样打通皇家地理学会的求救专线、找到小房间里一个有血有肉的人，可以想象他们会被你的问题吓成什么样子。

"嗯，记得毕尔德利吗？他好像困在距冰岛西北方3200千米的冰块里。想知道我们是不是可以派个人去把他接过来。对，现在就去。"

哈德逊（Henry Hudson, c. 1565—1611）发现了后来沙林博格（Sully Sullenberger）迫降的那条河之后，渴望进行更多的探险，并于1607年来到离北极不到1100千米处。[①]这在那个年代是一项惊人的成就。（1611年春天，为了继续寻找传说中通往中国的西北航道所进行的极地远征途中，他的船员叛变，把哈德逊、

① 哈德逊为英国航海探险家，以寻找西北航道闻名，成功探勘哈德逊河、哈德逊湾等地；2009年，沙林博格成功将引擎发生故障的客机迫降在哈德逊河面上，全机生还。——译者注

他十几岁的儿子和其他几个人放到一艘无遮蔽的船上，进了我们今天所说的"哈德逊湾"，再也没人看见过他们。）

在接下来的两个世纪里，有几个俄国和英国的探险家设法要再往前靠近个几英里，但进展不大。19世纪后期，这项竞赛的热度升高——如果热度这个字眼用得还算对的话——美国的洛克伍德（James Booth Lockwood）和他的雪橇队走得比他之前的任何一个人都更北边。他死于1884年4月、悲惨的3年远征途中，在救援队抵达的两个月前，享年31岁。他到达北纬83度24分30秒，离目的地只剩725千米。

两年后，姓氏同韵的挪威探险家南森（Fridtjof Nansen）和约翰森（Fredrik Hjalmar Johansen），离开有如被桌钳夹死在北极海盆浮冰中的探险船"前进号"（Fram），靠着滑雪板和狗拉雪橇到达了北纬86度14分。他们只剩320千米，却被迫停下来。

终于在1909年4月6日，美国人皮尔里（Robert Peary）到达了北极，他是靠狗拉雪橇成功的。仅仅两年后，1911年12月，南极被挪威人阿蒙森（Roald Amundsen）的远征队征服。一个月后，可怜的史考特（Brit Robert Scott）抵达南极：他这趟颜面扫地的探险不只没能让他率先抵达，还赔上整队人的性命，因为残酷的噩运让他们撞上了十年来最寒冷的天气。

探险家们所到达的极地并非固定之地。虽然地理极在两种类型的极地中向来稳重（疯子般一直动来动去的是磁极），但它的确会前后位移。它移动得不多，每年只偏离平均位置大约12米，最大移动量只比30米多一点点。然而，因为天文和大地测量，地契和丈量地图更不用说了，都是以经纬线系统为基础——就是地图和海图上那些水平线和垂直线，用来精确定位地球上的每一个池塘、住家和废车场——也因为极移使这些定位数值些微失真，所以这些变异备受注意并受到持续监控。

为了取得两极运动的精确信息，国际纬度服务（International Latitude Service，ILS）在1899年成立，1961年更名为国际极移服务（International Polar Motion Service，IPMS），如今由国际地球自转服务（International Earth Rotation Service，IERS）接手继续进行研究。你想知道我们的地球怎么了吗？他们会告诉你。这个服务组织的各个分部致力于持续观测纬度改变（还有自转中断和其他许多鲜为人知的事项），还会随时更新地理极的精确坐标。这是一个严肃正经的组织，如果南北极出乎意料地位移0.3米，他们的成员会抓着电话说："你坐稳了吗？你一定不会相信！"就像他们在某些重大事件如海啸之后会做的那样。

地理极，或物理极，只是随着特别剧烈、导致我们这颗旋转星球质量重新分配的地震"跳一跳"。比较常见的情形是，两极运动只包含两种变动流畅的部分。有一种循环式位移叫作钱德勒摆动（Chandler wobble），每433天或1.2年完成一个周期，还有一种似乎随机前后移动的年度式运动。年度式的部分年年不同，不过每次都不超过15米。

为什么地球会这样？几个世纪来，各种理论来来去去，没有一个有坚实的证据。曾有一个概念最受支持：地球的椭圆形公转轨道使得1月的太阳重力比7月强。如今我们认为，这是由冰与气团的季节性再分配造成的。

　　那么钱德勒摆动呢？这一行星回转现象因被美国人钱德勒（Seth Chandler）于1891年发现而得名，并终于在110年后的2001年获得解释。喷射推进实验室（Jet Propulsion Laboratory）的葛罗斯（Richard Gross）利用计算机仿真做出具说服力的分析，证明433天或1.2年的摆动大多源自温度与盐浓度变动所导致的海床压力变化。盐移动了南北极！其他的钱德勒摆动则导因于大气波动。

　　地理极（也就是我们所知的物理极或自转极）从来没有显著位移过，至少从40亿年前月球创生以后没有过，而且也永远不会。你用20秒就能走完极点位置的最大变动距离。

　　显然，当人们带着恐惧谈到极移时，他们指的不会是地理极。事实上，大多数老百姓甚至不知道是哪个极害他们忧心忡忡。上次的地球科学课距今天已经过去太多年了。如果你问他们："你指的是哪个极——地理极或磁极？"你得到的很可能是一脸茫然。

　　　*　　*　　*

　　地理极要是突然来个大位移，可能会引发全球毁灭，但这种事从来没发生过，从物理上讲也不可能，所以说到这就够了。

　　接下来要谈的南北极，不只是像我岳母找停车位那样，绕着圈圈游荡个几十英尺①。我们现在说的是能动的极点。

---

　　① 英语国家中，古代和现代各种以人脚长度为依据的长度计量单位，1英尺=0.3048米。

这就是罗盘所指的地方。

地表下4800千米的液态铁，绕着端坐地球中心、橄榄核般的固态铁球晃荡移动，产生出相当微弱的磁场（我们地球磁场的磁力大小平均约0.5高斯。做个比较，冰箱的强力磁铁是100高斯）。即使把细长磁盘摆在针尖上平衡，以便最轻微的撩拨也能使之旋转，也只能虚弱无力地向北看齐。我们这颗行星的磁力不怎么带劲——比如说，它比不上木星的磁力。

下面是只有大学物理教授才知道的一点点奥秘：地球的磁南极位在遥远的北方（磁南极是磁场线向下朝地心而去的那个极点）。但为了让我们的老百姓保持常规、快乐、不受混淆的状态，我们把这个极点称为"磁北极"，我对此并无异议。这个极点位于北方，凭这一点就够格挂上这块名牌。

小时候，我们把铁屑撒在纸上，下面放一块磁铁，便会看到磁场弯弯曲曲的特殊形状。同样地，地球的磁场线水平越过大半个地球，然后在北极直线下降。所以，磁极就是磁场线排列成垂直上下的地方。但你不必费力想象磁力弯进地底的画面，有一种更简单的方式可以找出那个"垂直场线"的位置：罗盘会指向那儿。

磁北极位于何处很重要吗？也不是真的那么重要。极光环绕该处形成绿色光环，很美。费尔班克斯的人要是看到极光迁移得太远，会很遗憾。但除此之外，极光位移不影响任何人和事物。

而且极光位移还有好处。虽然最晚从伽利略和莎士比亚之前的年代开始，磁北极就位于加拿大领土内，但它一直在移动，目前坐落于距离自转极800千米处。至少从英语听起来像现代人耳朵能听得懂的东西以来，这两个互争正统的极点——地理极和磁极——就没这么靠近过。

其实在17世纪和18世纪期间，磁北极是往南漂移的，直到它落脚于北纬69度，勉勉强强算是在北极圈之内。接下来它开始往北走。1831年，英国探险家罗斯（James Clark Ross，1800—1862）最先发现磁北极位于加拿大北极群岛中最北的岛屿埃尔斯米尔岛（Ellesmere Island）。一个世纪前，磁北极的向北运动开始加速，而且从每年8千米增加到60千米，令人费解。如今，磁北极在全球第十大岛埃尔斯米尔的正西方，岛上只有140个爱好冬季运动的人住在那儿，其中大部分人隶属加拿大军方。他们喜欢夸耀自己是世界上最北的一群人。

上个世纪，磁北极朝着几乎是正北方急行1046多千米，因此现在正要通过北纬84度，移动的速度是每小时6.7米。

磁北极最近跨越埃尔斯米尔的320千米疆界，这意味着磁北极不再属于加拿大人。磁北极原本是他们名闻遐迩的原因之一，他们因这样的发展而感到难过。他们先是经历了枫糖浆收成不佳的一年，现在又这样。

如果极点继续往目前的方向走，就会在今天的青少年开始要弄掉自己身上的刺青时——大概是本世纪中叶，直冲过北极海，然后从另一边往下进入西伯利亚。

佛教人平等舍心——我们应该对一切事物都不要有意见。嗯？有谁应该关心这档子事吗？这些极点是原地不动或狂奔到新地点，有什么关系？下面是有些人真的很在乎的这件事的理由。

地球的整个磁场，平均每一百万年会有两三次极性反转。换言之，如果你活在一百万年前，手里拿着罗盘面朝我们今天所说的北方，指针会指向南方。即便如此，你和我甚至感觉不到地球的磁力，大部分的动物也都不行。[①]

"极点翻转"的想法听起来既夸张又令人忧心忡忡，但其实背后的科学非常酷。

我们是从1959年之后才知道磁性反转。磁性反转一开始不容易被侦测，因为在过去的78万年里一次也没有。结果，当含有亚铁磁性矿物质的熔岩凝固时，其中的铁质微粒顺着地球当时占优势的磁场进行排列。熔岩一冷却到低于768摄氏度的居里温度（Curie temperature），就会出现这种情形。[②]所以，我们可以把这些岩石当成小说来读。

研究人员越挖越深，兴奋地翻动历史书页。这里有一次反转，还有这里、这里，直到他们在过去的8300万年里挖出了184次极性反转。

这些极点翻转是某种怪异的新运动循环。而你也知道我们人类有多爱模式，并且爱尝试看不同模式是否同步协调。如果把它

---

① 尽管大多数动物都对地球磁场"盲目"，但行为研究已经证明，确实有某些动物可以感觉到。这其中包括海龟、虹、蝙蝠鲼、信鸽、候鸟、蜜蜂、鲑鱼、鲨鱼和鲔鱼。研究人员发现，这些生物的神经系统全都含有磁铁。这些小小的、天然产生的类磁晶体会顺着磁场方向排列，像微型罗盘指针一般作动。这类晶体无疑是关键的生物学要素，让某些动物得以感觉到地球磁场并借以导航。

② 居里温度为磁性材料的磁性转变点。低于该温度时成为铁磁体，磁体的磁场方向很难改变；高于该温度则成为顺磁体，磁体的磁场方向很容易随周围磁场改变。——译者注

当成圣诞节，这类节奏就像是绑上彩带、绝妙的拼图玩具。

但当我们拆开每一个"玩具"的包装，就变得越来越清楚：极点是随机反转的。没有节奏或理由，没有模式。运用放射定年法，我们发现南北极平均每45万年便会改变一次位置，但有时会快速翻转。在将近200万年前，仅仅100万年内就有5次反转。在另一时期，300万年当中有17次反转。岩石记录甚至显示有一个例子是5万年内翻转2次。

每一个地磁周期称为1时（chron）。"时"与"时"之间有过渡阶段：新极性的确立要花上一万年到十万年。与今天的妄想式新闻报道恰恰相反，磁极反转从来都不是用你喝一杯拿铁的时间就能展现的东西。假设在末次冰盛期开始某次极点反转，当时纽约中央公园还沉没在1.6千米厚的冰下，那么这次反转到今天仍未完全确立。

研究人员也发现了两三次的超时（superchron），同样的磁性排列持续超过1000万年。白垩超时持续了4000万年，更早的一次持续了5000万年。① 至于其成因，大家就各自猜测了。谁能弄清楚地表下2900千米、液态外核的起始处到底在进行些什么？地震回波分析提供一幅地球内部分层的粗略图像，我们只能期望在未来经过仔细修改后，会让我们了解磁场如何、何时产生与反转。有一件事是确定的：无数吨流动液态铁的宏大模式要为此负责，而且它们有自己的自然赋动作用。这些反转确定与陨石大撞

---

① 只有我这样觉得吗？还是白垩超时这个词听起来就有不可思议的酷？我一有机会便用这个词，即使时机并不恰当。然后人们会问我那是什么意思，就让我有理由再说一次。

击、海平面波动或我们所能发现的其他零星的全球事件无关，也与我们这颗行星的公转轨道位移或自转轴倾变动并不吻合，如果是这两者，因其循复发生且可预测，应该会导致规律而非随机的极移。

真正相关的是在此过程中的地球磁层状态。要是我们的磁场暂时消失会怎样？它不就是我们对抗宇宙辐射的防护罩吗？要是这样的话，地球上的生物会不会被烤干了，然后害我们身染如野马脱缰般的异变和癌症？这一直是某些过度兴奋的圈子里近似歇斯底里症盛行的基础。

科学的答案是：不会有问题。如果这些反转真的有害，反转期会与大灭绝时期吻合。这种情形不会出现。化石记录显示，极点翻转从未对生物圈产生影响。那些反转期也不是新生命形式突然出现的时期，演化并未在那些"时"间期（interchron period）受到激发。

最近有些比较安定人心的消息。在反转试图确立的那几个世纪里，我们的磁场似乎并未消失，而是有许多新的磁极毫无规律地来来去去，我们的磁场样貌改变了，但好歹算是维持完整。

不管怎么样，分析显示，即使没有磁层，我们的大气层还是阻挡了大部分的入侵辐射。我们损失的只是保护层的表皮。这就像专业地毯清洁——蛮好，但不是真的很需要。

上次极性反转至今已过去78万年了——这是很长的一段时间。无论极点翻转与否，这些年月对我们哺乳类来说是美好的年代。就长期平均值而言，我们有点逾时了，但比起那次5000万年的不中断纪录，我们还差得远呢。而且翻转过程一旦启动，有可能会持续1000个世纪。

磁极翻转真的已经启动了吗？有一件事很怪，就是我们的全球磁场从1850年以来已经减弱10%，而且两极的位置确实变动得非常快速。有些人从我们周遭所显现的无数物理事件看出意义——通常是令人生畏的意义——但与这些人所信以为真的相反，没有人真的知道这些改变是否预兆了什么。或许，地球磁力一直上下波动，而磁场减弱10%这种事再正常不过了。又或许两极位移就是有时快、有时慢。我们这个时期是不是异常时期，是没办法知道的。

即使磁极反转真的发生了，如果不运用测量设备，你也绝对没办法分辨自己是不是处在磁极反转的"时"间时期。或许有些鸽子会飞得晕头转向，但也就那样了。

加拿大北地部队指挥官库彻里耶上校（Colonel Norm Couturier）是负责保护加拿大极地主权的人，他在2005年就磁北极四处乱窜一事接受了《埃德蒙顿新闻报》（*Edmonton Journal*）采访。

"那是一种我们现有装备无法处理的自然力量。"他开玩笑地说。

承认如果失去极地会很难过的库彻里耶指出，这件事也有光明的一面：随着极地离加拿大而去，加拿大人比较不用负责照顾那些准备不周、半疯狂地冒险滑雪前往磁北极的探险者。

"这大概意味着我们所要筹划的救援任务会变少，"他说，"以前极地在加拿大疆域内，每年我们都得去援助或治疗某个拼命要到那儿去的人。既然现在是在国际水域上，我们的压力减轻了一点。"

你听到了吧，有些人因极地到处乱跑而开心着呢。

第4章

沙尘暴

逆风掷沙去，风吹沙又回。

——布雷克（William Blake），《讥笑吧伏尔泰，嘲弄吧鲁索》
（*Mock On，Mock On，Voltaire，Rousseau*），1800—1803

●　　●　　●　　●　　◉

亚他加马——一个完全寂静但偶有怪异现象的区域，也是地球上最干燥的地方。和所在国智利一样，亚他加马持续不懈地从北向南延伸，以南纬20度为中心，占据一大块广袤之地，而几乎所有主要的沙漠，不论在哪一块大陆上，都以这个纬度为家。亚他加马在地理上的特异之处在于它的狭窄：亚他加马从安第斯山脉西麓乍然而起，在仅仅96.5千米外、冰冷的太平洋岸倏然而止。

离开了智利的安第斯山脉，我别无选择，只能把车开进亚他加马。我运用可疑的判断力，却冲动地选择了一条没走过的多沙小径，朝西北而去。这条小径在地图上是以细到不能再细的线来标示的，迤逦近113千米后抵达一处海边的渔村。我的油箱几乎是满的，我还有一瓶水，嗯，那还缺什么？

然而，孤单一人驾车行驶在沙丘与小石块之间，别无他物，也没遇到半辆车与我擦身而过、各奔前程，仅仅一小时后，一开始兴高采烈的探险心情便被模模糊糊的不安所取代。

那里杳无人迹、阳光炽烈，当然也没有移动电话服务。要是车子坏掉怎么办？没人知道我的行程安排。什么时候才会有另一辆车子开上这条干燥的尘埃小径？下一次有交通工具出现会是这个月吗？还是今年？我瞄了一眼旁边座位上塑料瓶里仅剩的1升的水，心里突然浮现一个念头：我是白痴。

掉头，还是继续走？我估计自己大概走了一半，怎么做都没区别。反正，我绝不回头。在当时，我并不知道自己的漫游到后来会与一位传奇的英国陆军准将紧密相系，这位传奇人物名叫拜格诺德（Ralph Bagnold，1896—1990）。

突然，黄色沙尘暴无预警地出现在我前方36.5米处，我猛踩刹车，制造出毫不逊色的尘云。沙尘暴和龙卷风极为相似，是缩小版的龙卷风。我下了车，得伸长脖子才能看清楚沙尘暴直上无云晴空的高耸程度。此时，眼前的沙尘暴和我右边的孪生沙尘暴相连，它们都在疯狂旋转，以大约步行的速度往前移动，而且看不出消散的迹象。它们都约有1.8米粗。在一成不变的沙漠中，样样事物都毫无动静，甚至连一点风也没有，这突如其来、活蹦乱跳的动态令人大吃一惊。猛烈的旋风不仅是超现实的，老实说，它根本就很诡异。

不同于龙卷风，沙尘暴是从地面往上发展。沙尘暴偏好干燥的地方，而且不是由云形成的。的确，如同此刻我在观察的那对儿，沙尘暴通常是在宁静、无云的天空下成形。①

我知道沙尘暴可到达最高的摩天大楼之上，但这一对儿高耸直立，说不定有91米，有30层楼那么高。

火星上干燥且非常稀薄的空气中，沙尘暴突然成形，横越巧克力色又带点橘的土壤往前进，仿佛鬼神所为。事实上，这些沙尘暴在阿拉伯语中就叫作jinni，意思是"精怪"，这也是genie（精灵仆人）一词的语源。沙尘暴拔地而起，粗鲁地给了这颗无生命的红色星球一个暗示：没错，即使在那儿，地球仅是天空中一个小点，还是有大自然之手在搅和。

那些奇异的"精"灵"神"怪甚至还会好心帮忙。2005年3月12日，监控火星漫游车"精神号"（Spirit）的技术人员发现，"精神号"与沙尘暴的一次幸运相遇把太阳能板上厚厚的积尘吹走了，这些厚尘之前一直阻断了许多电力供应。如今，发电量突然大幅提高，扩大进行的科学计划开开心心地排上了日程表。先前，另一辆漫游车"机会号"（Opportunity）的太阳能板也神秘地清除了积尘，同样推测是沙尘暴所为。

我突然强烈渴望走进沙尘暴里。会危险吗？那些风到底有

---

① 贴近地表的热空气穿过小范围的贴近地表较冷空气而快速上升时，就会形成沙尘暴。在接近无风的条件下，任何水平运动都会启动旋转过程。快速上升的小团热空气沿垂直方向延伸，使气团移向更接近旋转轴，依角动量守恒定律强化旋转——就像溜冰选手旋转时把手臂拉近身体以提高转速。上升热空气也在地面附近制造出局部真空，把附近的其他热空气拉进来，这些热空气水平向内快速吹进旋风底部，更增旋转，旋风因而得到强化并自我延续。

多快？ ①

　　我曾听说沙尘暴有时会把野兔抛上半空。但我遇到的唯一一个真正可怕的故事，是2010年德州艾尔帕索（El Paso）郊外三个小孩坐在充气式玩具屋里。这三人组连同玩具屋里的所有东西被吹到空中，越过一座围篱、三幢房屋后落地，不过伤势并不严重。

　　这股冲动压抑不住，那是我身为科学记者的研究职责，我替自己找了个理由。我笨手笨脚地慢慢跑过沙地，朝向最近的沙尘暴，一步一陷，但旋风移开了，好像恶作剧的jinni一样。它一直逃避我，然后比较远的那个突然消失了，好似做梦一般。

　　当我终于转身，要回到我认为是车子和沙土路所在之处，两者却都无影无踪。它们一定是藏在某个陷坑里，我这么想。随着形单影只的沙尘暴蛇行离去，崎岖多石、阳光普照的沙漠铺天盖地而来。

　　我站在那里，着迷于此种孤离。我有着与人类隔绝之感。

　　任何一个去过沙漠的人都知道沙漠的催眠魅力。我在2006年曾去过撒哈拉沙漠看日食，但那次的日全食到最后一点吸引力也没有了，而沙漠的魔力只增不减。更早之前，22岁的我背着背包游历世界，在伊朗东南部位于克曼（Kerman）与扎黑丹（Zahedan）之间的广大沙漠待了几个星期：那儿的夜空墨黑且

---

　　① 后来我知道，典型沙尘暴的风以每小时72.5千米在吹，大型沙尘暴达到每小时96.5千米，历史纪录是每小时120千米。回顾一下，我想，没错，我应该可以走进其中一个沙尘暴而不会有太大的危险。但我很确定我的律师，如果我有的话，会坚称我明确陈述我并未建议你们尝试这么做。

满布星辰，一如我想象中月球背面的夜空。①我也很喜欢印度西部拉贾斯坦荒原中的塔尔沙漠（Thar Desert），喜欢那儿的野骆驼群和友善的人们。每一处沙漠都独一无二，而眼前这一个，亚他加马，有几个特殊之处。

对入门新手来说，这是所有沙漠中最干燥的。某些地段过去五年没有降下足够被测量的雨，因而就连灌木植物也丝毫不见踪影。寒冷、丰饶的南太平洋，以及其著名的洪堡洋流（Humboldt Current）拍打着沙漠海滩，那儿的企鹅群落在受保护的海湾筑巢，令人望而生畏的安地斯山巅则以陡峭之姿划定了东边的界线。这些山脉是导致干燥的元凶。盛行东风被迫上升、变冷，然后把水气倾泄于玻利维亚东南部和阿根廷北部。晚上，安地斯山脉上空几近连续不断的闪电笼罩着肉眼看不见的两国之间的边界。当空气从安地斯山脉降下来时，那里已经很干燥了。

缺少降雨和植被是大多数沙漠的识别记号，但这些沙漠还共有另一项特征：蓝天烈日的经典舞台配置。无树可供遮荫的亚他加马让人难以喘息。

站在荒凉、多沙、烈日曝晒、与世隔绝的360度全景影像之中，我明白自己忽视了所有"动作角色"中最核心的那个，其自

---

① 所以呢？相较于从太空或从月球所见，从一处优良、无光害的地面场址所见的星星看起来如何呢？我们问了地球上这位理当处于最佳解答位置的人：托马斯指挥官（Commander Andy Thomas），美国太空总署长期任务航天员，曾在太空中连续工作数个月。他在澳大利亚内陆长大，知道漆黑的天空是什么样子，不管是在地球上或地球外。他证实科学文献所言，我们的大气层让恒星变暗的程度，只有肉眼勉强可察觉的三分之一星等。换言之，当我们从阴暗的郊区移动到更暗的郊区去数星星，其间的差别远大于我们搭火箭进入太空、从大气层之上观星。就可见光的波长而言，空气是非常透明的。

然运动给所有事物定下了规则：太阳。

　　对我们大多数人来说，太阳有时构成我们各种计划中的要素：如果阴天的话，是不是该取消我们的海滩之旅？但在现代，我们很少因为太阳而调整行为，多半会视而不见。即便是满嘴科学的讨厌鬼，也只是模糊地知道太阳的各种周期循环和古怪行径。

　　但在沙漠的此刻，别无他想，太阳掌控一切。如果你陷在此地，没有逃脱之法，由太阳决定你最后是生或死。

　　太阳最基本的动态是日夜交替。它贯穿我们的一生，而且节奏维持稳定不变，但就我们这个世界的寿命长度观察它，其一致

★作者似乎迷失在沙漠中。全世界沙质荒漠的沙都以精确的数学方式移动

性差多了。第一批恐龙走过新泽西州草原湿地时——当时是盘古超级大陆的一部分——那时的一年有400天。

不可能吗？那就再往回看，回到生命刚出现的时候。当时地球的自转比现在快得多。那种环境真的很不一样，认不出是今天这个世界的前身。空气中没有氧，太阳黯淡30％，而且每天花五小时就可以从这边的地平线跨越到那边的地平线，其运动肉眼可辨。阴影的移动能够被察觉到，如同缩时自然摄影一般。

月球的潮汐牵引制造出下方的海面隆起，以及地球背面的另一处隆起。这些隆起随着地球自转而移动，在无数吨海水拍击

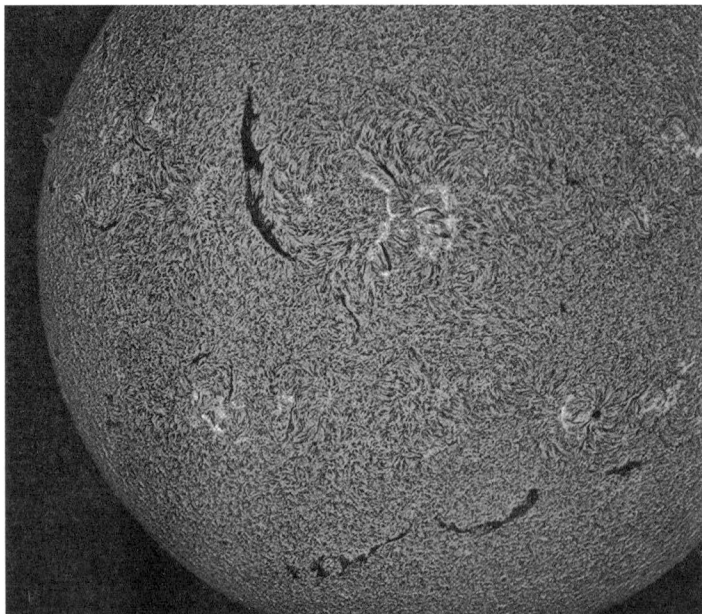

★太阳一个月自转一次，其表面上下脉动有如超低音扬声器。（Matt Francis）

海岸线、对泳客与海湾发出"涨潮"讯息时施加一点力矩。借着拖慢我们自转的速度，月球所造成的潮汐不断地把我们的一天拉长，使得太阳横越天空的运动越来越懒散。

每一两年一次，当科学家宣布要在6月或12月的最后一分钟插入一个"闰秒"时，就会让我们想起这件事。电视台把这份工作交给他们的气象专家，这些专家解释这额外的一秒是必要的，因为我们的行星正逐渐平静下来，最终将使得遥远未来的每一次自转、我们的每一天，相当于现在的40天长。

但如果你是一丝不苟的正牌技客，一定会当场停下脚步、抓着你的计算器，对每一个听得到你说话的人说："等一下！每一两年多一秒？地球不可能那么快地放慢速度，绝对不可能！"你在计算器按键上"嗒嗒嗒"一阵之后弄明白了，这颗行星的一天要是真的每几年就变长一秒，我们在几十亿年前便会是冻结般的静止状态。有些事不是加起来就行。关于我们这个世界的自转，有些说法根本说不通。

因为媒体总是把这种事搞错，下面是真正的独家内幕。答案就在于美感，甚至是诗意。毕竟，设定正确时间的表是与地球自转同步的一种装置。这种装置让猎户座和天狼星踏着我们腕上定时器的拍点齐步行进，近几年则更有可能是按我们智能型手机上的超精准数字时间行进，它的讯号与原子钟的周期同步，即便我们并不在乎这样的精准度。

20世纪30年代有一项重要的决策，是我们这个旋转星球上所有国家之间的协议。简单说，就是以地球自转来校定时间，而非石英晶体振动或其他任何的计时方法。这意味着我们需要两种保持相互同步的平行监测系统。其中一种是我们的行星自转，由位于法国的一家机构持续不断地仔细检查，意料之中的是，这家机构就叫作国际地球自转服务。

另一种系统需要每天仔细标记86,400秒，每一秒都要被精确定义。这些公定的嘀嗒声是借维持铯133原子核的特定旋转方向来加以计数的，只有浸浴在每秒9,192,631,770次微波脉冲之中才能做到，其他任何频率都会使铯产生变化。所以，一部原子钟只是一个真空室，其中的气态铯原子喷泉浸浴在微波中，且铯的状态受到持续监控。就是这么一回事。如有必要，自动控制装置会对微波频率做些微变动。因此，公定的秒是9,192,631,770次微波，这是将铯133维持在固定状态所需要的。这个精确的微波脉冲数就是秒的定义。

公定的秒恒定不变，至于地球的公定自转速度也是如此。自转不规律尚未得到充分理解之外，恒星观测还显示，每经过一个世纪，地球的一天便会延长七百分之一秒。

这根本不重要。和你出生那天比起来，你开始领取州年金的那天变长了千分之一秒。当然，一天的时间是有增加，但实在少到不需要每一两年就把钟瞎弄一番。所以，还是一样的问题：为什么要有那些闰秒？

底下这个解释保证你的街坊邻居都不知道。

在现行系统于1950年代启用之前，天文学家一直用的是之前300年里所搜集的地球自转数据。公定的一日长度制定于1900年，但在几个世纪的观察期间，一日的长度慢慢在增加。如今经过仔细分析显示，1820年的一天刚刚好是86,400秒。在那之前，每往前一天就短一点，从那时起则越来越长。

　　一般来说，我们是在86,400秒等于一天的幻觉中做事情。但这有近200年间并非真实。现代的一天长86,400.002秒。所以，我们错得一塌糊涂。现行系统在半个世纪前被启用，当时我们是可以给每一个公定秒多加上几百次那种微波脉冲，借此对每一秒做些略微不同的定义。谁会在乎这些略微的不同呢？这么一来，我们的钟几乎是永远用不着闰秒。但我们没那么做。所以，现在每一两年中，小小的每日误差累积得够多了，我们必须处理这些自然增加的落差。

　　总而言之，真正的问题不是地球正在变慢，这件事的发生太过渐进，不会有多大的重要性。这里的问题在于我们眼前的每一天都比1820年的一天长，而令人为难的是，后者正是我们计时系统的依据。

　　因为我们愚蠢地依据1820年的数据来设计"秒"，现在我们必须弥补今日的一天与乔治四世称王那一天的差距（乔治四世于1820年继任英王）。这意味着每500天左右就要增加一秒。这是为了维持地球自转时间与原子秒时间一致所需的"补丁"。①

　　由于地球变慢，太阳横越天空的运动也更加悠闲。以人类寿命长度来衡量，当然不会注意到太阳慢了下来，反倒是太阳在天空中的位置才是对我们有所影响的重要节奏。冬天的太阳低而

---

　　① 不是每个人都觉得闰秒很有趣。眼前就有一场激烈的辩论，关于是否要一劳永逸把闰秒处理掉，并且改变我们的计时系统，好让我们不再与我们的星球自转同步。2012年初，在一场国际专题讨论中，两方意见太过分歧，于是把这个议题搁置到2016年，到时再重新辩论。

微弱，夏天则高而炽烈。每天的明暗比——冬天日短夜长——也很关键。除此之外，大多数老百姓都对太阳的运动不知不觉。又有多少人知道，在整个北半球，如美国、欧洲、中国等等，太阳总是向右移动？意思是太阳斜向右上方升起，然后在中午直接向右，再悄悄向右落入西方的地平线。

赤道居民所见到的有所不同。那儿的太阳向上直升，直到头顶。然后，整个下午就像铅球一样直直落下。因此之故，日落时很快隐没于地平线之下，热带地区的暮光总是短暂。在南半球，白天的太阳向左移动。万一你被拐骗，醒来时人在另一座大陆上，这是一个知道自己身在何处的便捷之法。

*　*　*

你还能再应付一件太阳的怪事吗？一年当中，日与夜并不平衡。由于我们有大气层使光弯折，太阳其实已落下，却看似仍在地平在线。在那一刻，我们看到的是幽灵，是太阳的魅影。这是空气的戏法：折射，让大部分地区每天多了七分钟的阳光。这就是为什么春、秋分的日夜并不等长——太阳占了上风。

这之外的日照积少成多，我们每年能享受四十小时额外日光。

除此之外，如我们所知，日落之后绝不会一下子陷入漆黑。月球上是，但在我们这儿不是。折射作用奉送了迷人的曙暮光（twilight）之礼，其中最明亮的部分提供了一小时额外的可用之光，分配给黎明与黄昏。

最明亮的落日余晖称为民用暮光（civil twilight）。尽管听来模糊，"曙暮光"一词可是定义精确、有凭有据，取决于太阳在地平线之下不可见的运动。在傍晚是指日落到太阳下沉6度之间这一段，也就是太阳宽度的12倍。在大多数地区，民用暮光持续约半小时。到了民用暮光的尾声，根据很多地方的自制条例规定，街灯就必须点亮了。[①]

但太阳运动的根本在其横越天空的速度。大多数人不懂什么是角度，所以我们直接拿太阳本身的宽度作为测量工具。想想你看过的所有日落吧，太阳移动一段相当其自身直径的距离，要花多久的时间？或是换成月球来想也行，因为月球是以相同的目视速度在移动。答案是——

太阳在横越天空时，跨越自身宽度所需时间正好是两分钟。

在日落过程中，因为太阳是以某个角度滑入地平线，从刚开始接触到完全消失的间隔大约是三分钟。这正好是运动可察觉与不可察觉的分野。太阳移动的速度，似乎和几英尺外看厨房挂钟分针的移动是一样的。

我们最后一项沙漠运动现象是沙漠最负盛名的特产：海市蜃

---

① 至于其他阶段的曙暮光，航海曙暮光（nautical twilight）持续到太阳下沉12度，那是海平线消失之时，届时水手无法分辨海、天。天文曙暮光（astronomical twilight）持续得更久，直到太阳落入海平线以下18度，最黯淡的星星也能冒出来。这个阶段的尾声预告着完全黑暗的到来。曙暮光三个阶段的开始与持续长度都不是以时间单位来表示，而是以太阳在地平线下的距离，这是因为曙暮光的长度会变化。曙暮光要看观察者处于一年之中的哪个时间和哪个纬度而定，曙暮光可以不到一小时就结束，也可以迁延一整夜。曙暮光在热带地区总是最短，你所拥有的曙暮光总共就一小时。在纽约的纬度，平均约一个半小时，但在北欧，5月到8月之间根本没有夜晚。

楼。我们都知道，海市蜃楼在高温表面上很常见，像是夏日午后的高速公路，而主因是光速改变。尽管光速有恒定的声誉，但通过冷空气时跑得比较慢。不过，夏季路面或灼烫沙子上方的热空气会让光在那儿移动得比较快，更接近真空速度，而这一变化使撞上热空气的影像转弯或折射，其结果就是镜射效应。空气反射天空的影像，完全像是一潭水。

但是当我身处沙漠之中，要察觉任何事物的运动是一件不可能的任务。那些沙尘暴一消灭，就什么都不动了。水不流、云不动、鸟不盘旋、虫不叫，也没有叶子沙沙声，沙漠看起来就像冻结一般，如一幅静止的照片。这样的地景成了赋动现象的反命题。

但稍后来了几阵炎热午后的狂风，短暂地吹起了些许的沙，静止的生命活了起来。显然，长期而言，沙丘会移动。而谈到移动的沙，其变幻莫测只让我想到一个人：英国陆军准将拜格诺德。

他是英国典型坚忍自抑、博学多才的军事家。拜格诺德生于1896年，他的父亲是敢于冒险的皇家工兵上校，曾参与1884年至1885年远征救援的光荣任务，试图从喀土木救出戈登少将（Major General Charles George Gordon）。①他的姐姐是伊妮德·拜格诺德（Enid Bagnold，1889—1981），代表作是1935年的畅销小说《玉女神驹》（*National Velvet*）。

---

① 戈登少将曾参与英法联军攻入北京烧毁圆明园的战役，后出任常胜军统带、镇压太平天国。1885年任苏丹总督时，在喀土木围城战中死于伊斯兰反抗军之手。——译者注

有着这种奇特遗传基因的拜格诺德追随其父，念了马尔文学院（Malvern College），加入皇家工兵，在悲惨的第一次世界大战法国战壕服役三年而获颁勋章。战后，拜格诺德在剑桥大学攻读工程并取得硕士学位。他在1921年回任现役军职，之后全心投入他一生的志业。他服役于开罗和印度西北部的塔尔荒原，把空闲的每一分钟都拿来探索沙漠。

拜格诺德在1935年出版的《利比亚之沙：死亡国度之旅》（*Libyan Sands: Travel in a Dead World*）一书中，描述他周游各地的经历。他开发出一种特殊的罗盘，不会因附近有干燥区域地底常见的铁矿而出错。是他发现我们真的可以开车横越撒哈拉，只要你在深陷沙中时把轮胎里的大部分空气都排掉，然后一直猛踩油门就行。你应该感觉得到，这是吃过苦头得来的知识。

尽管全世界三分之一的荒漠有沙覆盖，但少有人研究这些珥革（erg）①，这是沙覆盖区域的古怪名称——大概是因为在那儿旅行并不容易，甚至连到达那些沙漠都有困难，在这种情况下，想要有大的实质进展可有得等了。拜格诺德以他1941年出版、至今依旧权威的著作《风沙与荒漠沙丘物理学》（*The Physics of Blown Sand and Desert Dunes*）改变了这一点，这是本听起来无聊、确实也是从头无聊到尾的书。我读了前面两三章之后发现，尽管我是受亚马逊五星评价的吸引去买，但这不是一读就上瘾的书。不过，至今没有任何书超越这本书带给我们的启发。拜格诺

---

① 沙质荒漠的意思，字源为阿拉伯文，音近arq，意思是沙丘地带。——译者注

德运用风洞实验预测沙的运动，并以利比亚沙漠的广泛观测证实了这些预测值。

基本上，沙是以其大小为特征，而非其组成成分。拜格诺德把沙定义为直径是0.02~1.0毫米的任何微粒，虽然后来的专家大方地把上限扩大超过50%，达到1.6毫米。大小很重要，因为沙的定义是所含颗粒小到能被风移动，但重到无法像灰尘和泥沙那样一直悬浮在空中。太重而无法被风吹走的微粒归类为碎石或沙砾。如果微粒小于千分之一毫米，基本上会一直在大气中飘浮，根本很少落下来。但这样的话，就会被称为烟尘，而不是沙。不难理解吧。

虽然几乎任何东西都可以是沙的组成成分，但大部分是石英，基本上是因为石英很常见，而且，拜格诺德解释："不会因机械或化学作用而裂解成更小的尺寸。"

不用说，是风导致沙堆积成丘，也把每一颗沙粒磨圆（当然，河底和海底的沙又是另一回事了，因为那儿的侵蚀力量是水）。由于沙比空气重2000倍，要被吹走并不容易。这可不是家里的灰尘。当风速小于每小时16千米，根本观察不到任何动静，这就是我在亚他加马一开始的感受。但接下来当风吹到每小时16~32千米，很多活动一下子都显现出来。

风以两种方式移动沙子。主要的方式叫作跃移（saltation），也就是沙粒搭便车。以这种方式，沙粒跑没多远便会被自己的重量往下拉回来。仔细看这个过程，就像在观察数以百万计的袋鼠快速跳跃。另一种运输方式叫作蠕移（creep），风卷动沙粒或使之弹跳。采取这种方式的沙粒，通常以大约风速一半的速度往前移动。如果你在沙质荒漠上度过微风轻拂的一天，这两种运输方式都明显得让你不看都不行。其实是没有其他动静可以观察。

你也可能会认为——当你在一望无际的沙丘间游荡时——除了风之外，不可能会有声音。通常确实如此，但在很罕见的情况下，沙漠会唱歌。拜格诺德在他广泛详尽的沙的物理学研究中说道：

> 现在，我们从少量海滩沙被踩在脚下所发出的嘎吱声，进展到远方某处惊动沙漠沉寂的巨大声响。当地的寓言故事已经把它编进幻想情节里……有时说是地下一座被沙吞噬的修道院中依然敲响的钟所传上来，又或许只是魔神之怒！但传说……也没比事态本身吓人多少。

拜格诺德接着分享他的个人经验："我曾在埃及西南部某个方圆480千米内渺无人烟的地方听过这种声音。有两回，事情发生在寂静的夜晚，事出突然——隆隆作响的振动声大到我必须喊叫，我的同伴才听得见。"

平安祥和的沙丘——拜格诺德一生的迷恋，突然间变得诡异骇人。在地球遥远的那一端，这位一丝不苟的科学家，被非理性的神秘感所笼罩。他知道，这些声音一定是运动造成的。但干燥的沙子到底是怎么制造出震耳欲聋的爆炸声，或是同样令人不知

★犹他州鲍威尔湖（Lake Powell）畔的岩石构造中，水平的深色痕迹是一度位于海面下的边界层。这种不被古代思想家所知的行星地表长期变化，就人类知觉能力而言，显露得太慢

所措的"歌声"的？①

到最后，也就是75年前，拜格诺德只得承认，这些刺耳的沙漠噪声是个谜。尽管光是最近，就有两个电视特别节目以此为题材，但这个噪声之谜经过这么多年，依然未被解开。不过，拜格诺德确实注意到一点，这种怪异的隆隆声或歌声有时持续超过五

---

① 唱歌之沙是真实的现象，即便其成因依然是个谜。显然，运动一定会制造声音，但唱歌之沙的成因到底是什么？必要的先决条件又是什么？后面这个问题已经得到解答，因为唱歌或隆隆作响只发生在沙子颗粒圆、直径介于0.1～0.5毫米之间、在特定湿度下，而且含有二氧化硅（沙子通常都有）。音调通常在音符A附近，类似蚊子嗡嗡叫，常带有60～105赫兹的低沉音调，声音会极端的大。而且这个现象已经在全球各地数十处沙漠都观察到了。

分钟，"每次都发自沙崩的低处"。

完成他史诗级的研究之后，拜格诺德在二次大战期间建立英国陆军的长距离沙漠部队（Long Range Desert Group，LRDG），并成为首任指挥官。他在20世纪80年代撰写了多篇对科学研究有所帮助的论文，而后在1990年以94岁高龄离开地球，出发前往广大的宇宙沙漠。

在亚他加马的特殊时光说得够多了，我步履艰难地回到此时已被烤热的车子，又花了一小时抵达渔村。我在那儿遇到朝气蓬勃的人们，他们讲话很慢，连我都听得懂他们的西班牙语。我雇用一名渔夫带我出去看企鹅群落，坐在一艘看起来勉强经得起大风浪的船上，我们关掉引擎静坐，听着几只来到右舷旁的海豚的呼吸，这种感觉好极了。但悠闲、慢动作的时光，这样已足够。没过几天，我就设法回到圣地亚哥，搭机飞向我们这个星球转得最快的所在。

我心中有个明确的目标：寻找只有在赤道才找得到的独特事件。然而等在我前方的，却是个意料之外的惊喜。

第5章

赤道上的怪事情

那是老天爷，老兄，弄得我们在这世上团团转……

——梅尔维尔（Herman Melville），《白鲸记》（*Moby-Dick*），

1851

● ● ● ● ●

　　高踞海拔近3000米处的基多（Quito），空气如此稀薄，游客若不先停下来喘一喘，很少能一口气走完两个高低起伏的路口。我会在这儿，很简单，是因为厄瓜多尔的首都是世界上唯一一个不偏不倚坐落于赤道上的城市。在这儿，我们这颗行星的自转把每一个行人绕着地球轴心甩出去的速度，比任何地方都要快——每小时1670千米。①

　　据说赤道也提供了独一无二的机会，让我们目睹地球对水流

---

　　① 想知道在你家那个镇上，地球把你转得多快吗？只要有任何一种工程用计算器，很容易就能知道。首先，把你家的纬度打上去（不知道？只要Google一下就行了。格拉斯哥是北纬56度，布里斯托是北纬51度）。接着，按COSINE键，你会看到一个介于0和1之间的数字。以格拉斯哥为例，是0.599。把这个数乘上每小时1670千米，就完成了。

的奇特效应。因为人体和人脑的组成成分大部分是H_2O（水），我想亲眼看看我们最亲密的伙伴们——旋转的世界与漩流的水——之间的这种关系。我听说厄瓜多尔政府把一座大型博物馆盖在赤道上，而且每天都有展示表演。

赤道不只是地球上转得最快、月亮和星星飞掠天空最快速的地方。拜离心力所赐，地球有点像旋转木马，而赤道上的人们稍微被抬离了我们的世界，就像坐在高速旋转木马的外圈一样。一个壮汉在基多的体重会比他在费尔班克斯少0.45千克，这让基多成为保证立即见效的减重诊所眼中有机会大赚一票的地点。

而且，因为我们的行星是卵形——腹部隆起使得地球在两极的直径比在赤道的直径少了42千米——中央部位也是你最靠近月球和太阳的所在。那些浪漫情歌不是会提到大大的热带月亮？那是真的——尽管大小相差仅仅一个百分点而已。我很好奇有多少这类的科学花絮会表现出来。

当我下了租车（我很喜欢说这句话："载我去赤道！"），扩音器传来乐队演奏萨尔萨舞曲音乐震耳欲聋的声音，几乎令我倒退三步，展现出这个地区对寂静出了名的不放心。我所驻足的大型复合广场，有花岗岩台阶、小礼品店和开放空间，叫作Mitad del Mundo（厄瓜多尔赤道纪念碑），意思是"世界的中央"。在广场中心，一座几层楼高的石质方尖碑镇住全场。一条嵌在地上的线从这座纪念碑向外放射，朝相反的两个方向延伸了数百英尺。赤道在此！

以南美其他地区为主的观光客叉着腿横跨这条线，这样才能拍到他们一脚在北半球、另一脚在南半球的照片。震耳欲聋的快乐音乐、灿烂的日照、缤纷多彩的衣着和空气中始终朝气蓬勃的笑声——这不是地理学狂人做书呆子并追根究底的去处，而是嘉年华游乐的场所。

除了它不是真的在赤道上。

很久以前，在GPS精确定位之前的年代，政府单位把纪念碑盖在错误的地点上。当然，没有任何介绍手册真的这么说，你只有在导游们的悄悄话里才能得知，他们似乎是按捺着兴奋在散布秘密，看不出有谁在乎这件事。

我很快就知道，真正的赤道要沿着这条路往北0.4千米，在

★在厄瓜多尔的基多市郊外，赤道的位置以一座五层楼高的巨大纪念碑标示。这里就是我们的行星自转速度最快的所在。但政府把这座纪念碑盖错地方了

那儿我们可以看到流水展示。离开官方盖的这个梦幻复合广场，以及巨大的石造物和繁忙的纪念品摊位，我顺着窄窄的高速公路步行，直到抵达一处标示牌，上头夸耀着赤道本尊就在布满灰尘的泥巴路那头。标示牌上的箭头指向那条路。我一边跳过坑洞，一边在稀薄空气中喘着气，最后来到一座私人博物馆，画着它自己的赤道线。我遇到的第一位解说员说，没错，现代测量证明，这才是真正的赤道。我查了我的手持GPS，完全无法确定她对不对。

　　截至此时，我只知道一件事：我们这颗行星的赤道有"竞争对手"，它们各自拥众多游客。我很快从我的GPS搜集到资料，并获得一位官员证实：货真价实的赤道不在这两个地方，而是要再往北几百码①，在空无一物的草地上。如果你正在寻找商机，把这块地买下来，铺上道路，然后画上第三条赤道线。人群似乎多到足以支持很多条这样的线。

　　博物馆提供中场不休息的表演。这些表演多半很荒谬，包括一个穿牛仔裤的女人站在一张折叠桌上，她唯一要做的就是保持托盘上的一颗蛋平衡，然后以双声道宣称这只有在赤道才会发生。最后，我终于抵达我的朝圣地，那场的确每十五分钟吸引十二位民众的展示——据说可以证明水在南、北半球各以反向漩流而下。这种展示的即兴变奏版也为许多非洲村庄的观光客表演，已经成了赤道版的"时尚要事"，就像为了寻找绿光，已经

---

　　① 　码，英制中丈量长度的单位，1码等于3英尺。

把看夕阳从以往随兴所至的美事变成了科学大业。①

一名迷人的年轻女子探身到一个坑坑巴巴的金属小盆上，拔掉了塞子，群众看着水呈螺旋状顺时针通过排水管流进下面一个大塑料桶。然后她和助理把盆子拖行3米越过可疑的赤道线，脚架在水泥地上刮出刺耳的声音，所有人都皱起了眉头。我很好奇他们干吗不干脆买一个有轮子的盆，显然他们日复一日在做这件事。两个面带微笑的厄瓜多尔人又倒水进去，女子把塞子拔掉，当然，水反向漩流而下。群众发出赞赏的低语，一厢情愿地相信了。我必须承认，这很戏剧化，而且很有说服力。

这组观众往前移动，下一组正要走过来。我留住解说员，小声地说："我可以自己动手做做看吗？"她的大眼睛对上我的，透露出一丝警戒的意味。于是她竖起手指表示"等一下"，急忙去找负责人。

只不过几秒钟，一位笑容满面、大腹便便的中年男子现身并伸出手要和我握手，我竭尽所能以结结巴巴的西班牙语介绍自己是个科学作家。我大概是把自己介绍成以小丑为业，因为他的反应是放声大笑。我很快就知道他是那种稀有的幸运儿之一，因为在他眼中，世间万事万物皆有趣。

"你当然可以操作这个展示，"他咯咯笑着说，但接着稍稍

---

① 绿光出现在最后一点落日由橘变绿之时，只有一两秒。如果我的经验对其出现频率有参考性的话，你可能每十六、十七次落日会看到一次。我看过十五次，不过我已经找了大约二百五十次。之所以发生这种情形，是因为太阳的影像其实是由略有重叠的多重颜色所组成。当其他"太阳"全都下山了，最后一个的顶层末端应该会是蓝色，只是不会有任何蓝光残留，因为蓝光被地平线厚厚的空气给散射掉了。所以，最上面的太阳其实是绿色。但只有在空气非常平稳且温度均匀时才看得到，在海上有时就会看到。

降低音调，瞄着正要过来的下一组观众，"只是务必要以正确方式把水倒进去。在赤道线另一边要从右边倒"——说到这儿，他摆了个从旁边把桶子倒空的姿势——"然后盆子在线的这一边就从另一个方向倒。要让水照我们想要的方式往下流，这是唯一的办法。"

换句话说，整件事都是他们在造假。

"但这样的展示是场骗局！"我表示抗议。一听这话，负责人笑得如此开怀，我突然希望能把他永远留在身边。我想如果他提出请求，我会在婚礼中把我女儿的手放到他手中。

★一名厄瓜多尔女子跨越赤道——据称就是由左边地上一条涂漆磁砖所排列的线标示——展示水从盆内排水孔漩流而下的方式。水在线的一边朝某方向漩流，等她拖着盆子越过线，水在线的另一边朝相反方向漩流

"这个嘛，或许是吧！"他边咯咯笑着边说，"但我们只说这是展示。如果我们不这么做，就行不通了。观光客爱得很呢。"他瞄了一眼盆子附近的标示牌，说："不然，我们要怎么教他们认识科里奥利效应（Coriolis effect）呢？"①

博物馆的标示牌确实解释了水因为所谓的科氏效应，在南、北半球以不同方式往下流，标示牌还说这也影响了其他很多事物（这当然影响了很多富于企业精神的非洲村落，那些地方的居民根据同一项作假展示，进行了各种不同版本的表演）。

这整件事大概从1651年就开始了，当时意大利科学家里乔利（Giovanni Battista Riccioli，1598—1671）出版了他的著作《新宇宙体系》（*Almagestum Novum*），书中说因为地球自转之故，加农炮弹轨迹应该会怪异地向右弯。这是个危险的命题，因为不过是十八年前，伽利略上宗教法庭接受审问，被迫发誓地球一动都不动。

公开谈论地球自转的自由，早在1792年法国数学家暨工程学家科里奥利（Gaspard-Gustave de Coriolis，1792—1843）生于巴黎时就已经确立，那是路易十六被送上断头台的几个月前。他是个科学神童，在声誉卓著的综合理工学院入学测验中高居第二，后来当了工程师，对涉及运动的各种科学领域仍有重大贡献，像是摩擦、液压和水车——尽管他年轻时身患慢性疾病。

40岁的他，由于在力学和运动学方面的多篇开创性论文，

---

① 科里奥利效应系指在转动系统中出现的惯性力，例如地球的自转偏向力，导致北半球气流向右弯、南半球向左弯。——译者注

其才华在科学院院士之间享有盛名。科里奥利发明并确立了"动能"和"功"等用语，这些用语至今仍被普遍使用。他接下来又在想什么呢？他在1835年对撞球游戏的数学和物理学做了崭新敏锐的分析，令科学院喜出望外。（这就是不善交际的科里奥利在他太太外出买靴子时消磨闲暇时间的方法！）就在同一年，他发表了那篇终将令他得享盛名的论文，他的名字将被21世纪无数的赤道游客日复一日地提及。但今天没有人记得论文的题目，因为这个题目似乎是刻意设计来治疗失眠用的：《论物系相对运动的方程组》（ *Sur les équations du mouvement relatif des systèmes de corps* ）。全文有三个章节，在其中的第二个章节里，科里奥利谈到运动物体如何转弯，不过他从未提到地球的自转或大气层。

科学家很快就意识到，科里奥利已经完全解释了为什么加勒比海的飓风总是逆时针旋转，为什么炮弹会偏离目标，以及为什么一辆平衡毫无问题的汽车在平坦的高速公路疾驰时，会惹人生气地往右偏（每年不知有多少消费者付了几百万不必要的花费做四轮定位，无疑都是受了这一效应的愚弄）。20世纪初期，气象学家开始用科氏力（Coriolis force）这个词，来描述大型风力与暴风系统的变化无常。

但时至今日，科氏效应遭误解仍是家常便饭。冲马桶不会使水来配合我们所在位置的特定方向漩流而下。不过，这种效应的确会出现棒球选手到手的全垒打泡汤这类怪事。在打击者面向北或南的球场上，球棒击中的球会向右弯转2.5厘米，因此它偶尔会飞出界外，如果没有科氏力，这球就会留在界内。

不幸的是，在这个让物理学尽可能单调乏味的伟大传统下，有关科氏效应的解释大半会扯到惯性、参考坐标、角速度和所谓的罗士培数（Rossby number）等讨论。真是遗憾，因为科氏效应其实很容易理解。想象两个小孩坐在旋转木马的两端，拿一颗球丢过来、丢过去。如果这座旋转木马的转动方式和地球一样——由上往下看是逆时针，那么丢球的小孩会观察到球明显往右弯。如果想让他的朋友接到球，所需要的修正量可不小。

在大多数古希腊人的想象中，要是地球会自转，那么往上跳的人下来时会落在不同的位置上。但事实上，所有物体都参与了局域运动（local motion）。假如你住在迈阿密，那儿的地面和所有事物都以每小时1500千米向东疾驰。在你北边的地点转得比较慢，在你南边的移动得比较快。现在假想你买了一管马铃薯炮筒，这东西利用可燃气体或压缩空气，能把马铃薯射得很远。0.8千米应该没什么问题，但假设你打造了一座大贝塔级（Big Bertha）的马铃薯炮，可以把整个爱达荷州的马铃薯抛出完整的1纬度，也就是110千米，接着你朝北边发射。迈阿密往北才110千米，地面的移动速度每小时便慢上13千米。[①]马铃薯不知道这一点，所以当它在飞的时候，同时也以出发地迈阿密的自转速度向右飞，也就是向东飞。在它继续飞行的同时，它下方的地面移动得越来越慢。结果：马铃薯飞弹直线飞行，但地面上的任何人都看到它向右弯。

假如你掉头瞄准基韦斯特岛（Key West）喧闹的杜瓦街

---

① 大贝塔为第一次世界大战前夕德国开发的重榴弹炮，爱达荷州盛产马铃薯，有马铃薯州之称，故作者有此说。——译者注

（Duval Street），也就是朝南。迈阿密往南才1度，也就是110千米，地面移动速度每小时便比迈阿密快了13千米。所以，朝南的马铃薯所飞越的地面跑得比它快。马铃薯一直在落后，结果是它看起来又往右弯，地面上的任何人都能亲眼看见。

所以，弹道飞行物体无论向北或向南发射都会向右弯（在我们北半球就是如此），只有那些向东或向西射的物体会直飞。这就是科氏效应。如果马铃薯以每小时110千米的速度猛冲，而且神奇地在空中飞了一小时，它将会降落在预定目标右边整整13千米的远处。

除非粮仓爆炸，一般来说，马铃薯不会在我们周遭飞来飞去，但云和气团会。想象一个低气压风暴，就像飓风，空气试图从周遭的高气压区冲进去。在这个过程中，空气以不同的旋转速度飞越地面，结果有右转倾向。答对了：一个逆时针旋转的圆形暴风。①

这就是为什么飓风从不在距赤道560千米内形成。那儿不存在足够的科氏偏转，因为地球自转速度在热带地区相当一致。那儿的空气移动控制在一条还算直的路径上。②

科氏力也解释了为什么美国大部分地区每天的风都从西吹来。空气因为赤道的热而上升，然后朝北极而去。这么一来，就

---

① 如果你从外侧接近圆形、逆时针旋转的暴风，就像空气流入那样，风是朝右偏转。但如果你困在暴风内部，像我没多久前那样，那么风是从右吹向左。

② 从基多往北走110千米，所产生的地球转速差异仅仅每小时0.32千米。但如果你从阿拉斯加巴洛角（Point Barrow）往北行进同样的110千米，你会来到一个地球转动变慢程度多达每小时27千米的地方。因此，讽刺的是，尽管所有观光客都在赤道花了钱对科氏力大惊小怪，但科氏力在那儿小到可以忽略不计，以致绝不会形成像飓风这种旋转暴风。

会向右偏转。瞧，这就是我们的盛行西风。

现在来看看你家的马桶。马桶槽内两侧的水也参与了地球自转。如果你住在北美、欧洲或亚洲，马桶南侧的水移动得比北侧的水快。这不是应该会对水产生推力，因此当你按下冲水开关时，水就逆时针旋转冲下排水孔吗？

我们来算算数学吧。算出来的结果显示，30厘米马桶槽两侧的地球自转速度差值和厨房挂钟时针的转速值相同。时针，基本上静止不动。马桶槽两侧的地球自转速度差值不是零，但显然怎么样也推动不了4.5千克重的液体，倒是涡流的方向完全取决于注入水流的方向，而这是由那些隐藏在马桶磁嘴内侧的小洞决定的。水槽或浴盆的排水涡流方向则取决于水槽或浴盆的水平程度。

科里奥利从未触及过这类问题，他甚至没听说过"冲水马桶"。事实上，虽然他成了杰出的数学、物理学和机械工程教授，到最后还在声誉卓著的综合理工学院担任研究指导，却没能在生前看到他的名字和自己发现的效应广泛相关。就像王尔德小说主角多瑞安·格雷（Dorian Gray），科里奥利英俊帅气、面容白净的外貌只是虚有其表，其实他的身体常年受病痛之苦。他在1843年的春天发觉自己的精力快速萎弱，拖到那年夏天就过世了，享年51岁。

我们已经明白，这颗行星的运动并未展现在马桶槽的水流旋涡中，真正加以展现的是每天拂过我们脸颊的西风。但我们有没有任何办法，就在这个房间里，能确定我们住在一个旋转球上？

这个课题让另一个法国人为之着迷，他是1819年生于巴黎的傅科
（Léon Foucault）。

　　傅科运用每秒转800圈的多面镜，进行了有史以来第一次的
光速精确测定。1845年，他和另一位法国人也成为最先拍下太阳
照片的人。回顾当年那个银版摄影的时代，即使是这么明亮的物
体，还是需要曝光很久，傅科运用了转仪钟，那是一种挂在望远
镜底下的齿轮装置，能追踪横越天空的太阳。就是在运用这种常
见的天文装置时，他注意到，像单摆一样摆荡的悬挂制动重锤似
乎慢慢改变其定向。大吃一惊的傅科恍然大悟——这是让人想大
叫的一刻——他意识到改变的不是单摆的路径，而是望远镜下方
的地面。事实上，单摆相对于宇宙维持着近乎恒定的摆荡面。

　　出版商之子傅科是天赋异禀的教师与科普推广者。他花了
点时间打造一座巨大的单摆，把一颗28千克重的巨大铁球用一条
线从20层楼高处悬挂下来。然后，他让单摆在巴黎万神殿摆荡起
来。（今天有谁会做这种事？）球的底部焊上一根锐利的金属针
尖，在他铺于地板的沙子上刮出了线。众人看着刮线位置改变，
这证明仪器底下的地球正在转动。这是第一次能在一个房间内无
可反驳地展示我们的转动世界。

　　这个单摆不只在整个19世纪末无休止地被复制且大受欢迎，
时至今日依然如此——即使是我们这个科技快速发展的年代。在
预算严格受限的2007年，当时纽约州立大学要在最负盛名的荣誉
学院杰纳西奥分校（Geneseo）建造新的科学建筑，他们几乎没有
钱可以用来装饰。尽管如此，他们还是在大厅设置一座巨大的铜

质傅科摆，前后摆荡以迎贵宾。①

　　尽管傅科是在家自学，尽管他舍弃了原本要投身医学的计划，因而令家人失望（他对血有一种几近恐惧症的神经质反应），但他改变了世界。是他造出"陀螺仪"（gyroscope）一词，改善望远镜镜片并揭露光速的奇特行径，包括光速如何在特定条件下变慢。最重要的是，他以引人注目的单摆，作为我们这个世界正在旋转的明证，取得了全球性声誉，因而在1855年获颁伦敦皇家学会的科普利奖章（Copley Medal）——相当于那个年代的诺贝尔奖。

　　遗憾的是，傅科在长寿这方面表现得并没有比科里奥利好。正当他声望攀上高峰之际，身体突然出现令人吃惊的衰退恶化，很可能是进程快速型的多发性硬化症所导致，仿佛他的人生单摆戏剧性的一荡，亲人至交都感到震惊。他在1868年过世，享年48岁。

　　在我们这个旋转世界的各地科学博物馆中不停摆荡的单摆旁，如果你有本事找到傅科的名字，或许你也会注意到，埃菲尔在他那座铁塔的第一层平台上铭刻了72位科学泰斗的姓氏——包括科里奥利——傅科大名也在其中。

――――――――――

　　①　你可能会认为地球转动一个周期后，也就是二十三小时五十六分钟，转动的地球会让傅科摆完成一趟360度的旋转。但实际的情形是，这只对位于北极或南极的摆是如此。在其他任何地方，这种旋转会花更久的时间，因为摆的方向出现进动（precession）。这是一个棘手的数学和物理难题，最终主要是归因于科氏力，一开始曾令19世纪的物理学家很头痛。就连爱因斯坦都觉得这个难题复杂到很难撰文讨论。

第6章

冰雪封天

一夜之冰不可信。

——赫伯特（George Herbert），

《箴言集》（*Jacula Prudentum*），1651

● ● ● ● ●

　　如果你看着阿拉斯加的地图，在正中央插上一根图钉，差不多就靠近费尔班克斯了。如果是在中国或印度，费尔班克斯会被称为镇，甚至是一个大村落。但在这个人口密度特别低的州，平均每平方英里（2.6平方千米）约有一人，费尔班克斯经过官方认可拿到"市"的名号，即便只有恬淡寡欲的三万人口。

　　时值隆冬，我靠着一路"砰砰砰"的轮胎短短开了一会儿车——轮胎漏气的窘境是停车过夜时橡皮结冻造成的——让我完全看不到费尔班克斯的踪影了。在阿拉斯加，人们轻而易举便能把文明甩到脑后。2013年，我带着一组44人的探险旅游团，朝着育空河东行近两小时。但走那条人迹罕至的道路根本无法成功，连边儿都沾不上。它的终点是珍娜温泉（Chena Hot Springs）。

北极光在许多地方的上空舞动，但在珍娜温泉这里，它经常出现。在那里墨黑天空的衬托下，极光特别引人注目。理由很简单，所有极光都只是环绕地球磁极的巨大发光甜甜圈的一小段。我们已经说过，北极位于加拿大名为努纳福特（Nunavut）的领土内一座贫瘠岛屿附近。每当太阳射线特别强烈时，椭圆状的极光就会变宽并向南扩张。威斯康星州和宾州的人，甚至连佛罗里达州的人都能从后院看到它。

这种情况每隔几年发生一次。更常见的是北极光形成稳定的环状，盘旋在阿拉斯加中部上空，就在珍娜温泉到费尔班克斯一带。对费尔班克斯人来说，东北部的郊区居民对极光比对鹿虱更熟悉。

这是我第六次在冬季前往这个地区旅行。20世纪90年代后期至21世纪初期，我一直是《天文学》杂志旅游团的极光解说员，如今随着太阳活动的次数再次增加，现在我又在帮一家私人科技公司做解说。不过，今年我开始顺带调查一项特殊的极地经验：隐藏在白茫茫野地中的自然运动。

阿拉斯加广大的冻结地景中，有着超乎大多数人所能理解的古怪的动态面向。但这片荒原的活动其实是从单纯的冰开始的。

河流在10月踩了刹车，发出尖锐刺耳的声音后停了下来。阿拉斯加因而凭空造出平坦的白色高速公路，而且一直维持到4月底，让与世隔绝的村落可由陆路抵达。出现这种情况时，地景变得毫无动静、了无生趣。这么一来，有大半年时间，极区仿佛是一片沙漠。

水从液态变成固态，每1克的冰，大小如一颗方糖，就需要

80卡路里的能量。但要玩这套把戏，光是把水降到0摄氏度还不够。水需要被推一把——额外的寒冷鼓励，才能变成固态。而且，冰不是好的热导体，这意味着冰也是不良的冷导体，所以只能渐进变厚。以实际数字为例，如果气温稳定维持在零下10摄氏度，研究显示，冰会在两天内达到10厘米厚。这是冰上钓鱼或其他徒步活动最基本的建议厚度。

　　冰倍增到20厘米需要多久时间？不是再加两天，而是整整多一个星期。冰一开始结得很快，但接下来会缓慢进行。而要达到

★2014年3月，极光在阿拉斯加中部闪闪发光。尽管其动作似乎悠缓，但这场灯光秀是太阳的原子碎片以每秒640千米的速度撞击我们的结果。（Anjali Bermain）

可以支撑汽车重量的38厘米的厚度，还需要一整个月。

费尔班克斯的景色就像我们买来当纪念品的雪花玻璃球，即使在5月和9月，看起来还是有圣诞节的气氛，因为这个城市只有三个月无雪。但无论在哪里，雪要形成必须出现一种奇特的云之舞。水滴不会光因为温度降到0摄氏度以下就结冰。首先，潜在的冰构造开始形成之前，必须先有一些水分子发生碰撞。单单一个水分子无法结冰。

其次，如果这些水滴是纯水，冰结晶过程根本很难进行，它根本不会在冰点发生。这个过程仿佛被公务员的红胶带黏住一般，不会有冰形成，除非温度达到华氏冰点以下72度（冰点为华氏32度）。也就是零下40度。[①]所以，冰或雪要在比较合理或常见的温度成形，云里的水滴需要环绕一个种核来增长。空气中通常有许多漂浮的小碎片，所以这不成问题，但你绝对猜不到什么是最佳造冰微物。

是细菌！水滴很容易在飘浮于空气中的活体微生物——细菌——周遭凝结成晶体，零下2摄氏度以下的任何温度都可以。要在微粒黏土（高岭土）周遭形成结晶比较勉强，而且只有比零下4摄氏度更冷才行。而如果只有碘化银微粒这种用于人造雨的化合物，水滴就会在零下7摄氏度以下开始形成结晶。但细菌是

---

① 在阿拉斯加的冬季，你无须每次都指明你用的是华氏或摄氏。两种温标在零下40度交集，而在2012年的费尔班克斯，整个1月的温度在零下40度至零下50度之间徘徊不去。令人惊讶的是，或许是我们可以非常清楚感受到这两个温度之间的差异。尽管零下40度会令人痛苦到超现实的地步——吸进零下50度的空气有实际的危险性，因为这会冻结我们的肺部组织。

最常见的雪花起造器，而且85%的雪花核心里都有它。①

所以下次当你凝视迷人的暴风雪时，请让同你最要好的恐菌症或疑病症患者知道，活菌在大多数数以万计的雪花中颤抖着。然后亲手捧着一堆雪花冰给他，或是安排一场舌头接雪花的派对。

一旦造冰过程启动，就会有更多分子加入，结晶便会长大。最后它们要么变成雪花，不然就成了被冠上"霰"这个怪名的粗粒冰。一片雪花含有一千京（一万亿为兆，一万兆为京）个水分子了。那就是一千万兆。十片雪花——刚好可以放在你的拇指尖——水分子数目与地球上的沙粒或是可见宇宙的恒星一样多。我驾车东行时所观察的那片雪景，是由多少雪花、多少分子塑造而成？想到这里，我的头都昏了。

向四野延伸的白色表面当然冷，但在此地，连底下的地面也是永远结冰的状态。在北方距离费尔班克斯刚满160千米的北极圈，这种永冻土到处都是。在南边三分之二个阿拉斯加也很常见，但只是零星分布。有些地方要到9米深才开始有永冻土，但几码外的表层就有它。

居民别无选择，只能在这种永冻土上建造他们的家、道路、管线和学校。这往往会导致灾难性的后果。沿着阿拉斯加的许多道路行驶，都会看见房屋倾斜到病态的程度。屋内地板的倾斜夸张到人几乎可以从房子外侧的卧室溜到中央的厨房去。在这趟旅程中，我遇到一位沮丧的原住民，悲叹着自己所面对的天文成

---

① 雪花里有细菌的出现尚未经过广泛分析。2008年，法国有人研究过这个课题，当时，研究人员发现85%的雪花环绕着一只活菌而成形。据此推测，各地都是如此，但没人能确定地说是否有哪个国家的降雪比其他国家更卫生。

本。他先把整栋建筑用千斤顶抬高，然后尝试在底下制造空气流动，好让冻土重建并终年维持。问题在其不可预测性。这种理想的技术——给建筑物装上脚架，好让冷空气在底下流通——通常可以保育永冻土并维持房屋水平。

这个幅员广阔的州，一到夏天，各地最上层的几英尺永冻土融化出水，但水无处可流，因而凭空生出几亿个大小不一的滞留池，成了蚊虫滋生的绝佳温床。这真是噩梦一场。5月到8月间，举起你的手随处一拍，就会打死十几只蚊子。

这种费劲使冰坚实、把家建筑其上的慢动作剧目，在地球各地的冰冻荒原上演。同时，无数雪花的重量通常会把下面的所有东西压缩成冰。在某些地方，这种钴蓝色的冰保持着岩石般的坚硬达数万年。我们通过分析困在冰里的气泡得知了这一点，这些气泡揭露出远在人类生火或无数驯养家畜喷出甲烷之前的大气层成分。

陨石撞进雪中并深陷其内，直到那层冰完成它神秘而缓慢的旅程，下沉、侧移，最后向上回到表层。在广大的南极地区，一般陆地上的岩石没福气躺在雪地上，雪地摩托车上的研究人员乐于收集他们所见到的任何落单的石头——他们知道，他们刚刚很可能就靠着这种毫不费力的办法，捡到一位来自太空的贵客。1984年，当一位雪地摩托车驾驶员发现来自火星、著名的黑色南极陨石ALH84001时，它就明目张胆躺在艾伦丘地区（Allan Hills）的雪地上。这颗陨石经过一开始的撞击、掩埋之后，过了一万六千年重回地表，这期间一直都依循着无休无止的冰水循环，加压、释压，然后朝各种无从记载、无人能知的方向运动。

慢速运动是冰的庄严誓约，即使它一开始也是悠闲的。因为雪通常是以每小时4.8千米的速度落下——和人的步行速度相同。但如果雪在冰河原上压缩，自然会受那片冰影响，以更加缓慢的速度爬向大海。这些流动的冰河趋无定向，每天移动3～30米，主要是依据地面坡度而定。通常冰河每小时移动0.3米，根本慢到不会被人注意。

在阿拉斯加动也不动的雪景之下，其实有着生机蓬勃的运动。那是一整个生物世界，也是被雪覆盖的国度。

你不需要身在阿拉斯加，就能体验"雪下宇宙"，甚至爱上这个世界。在美国和欧洲大部分地区，看似纹风不动的冬季地景，隐藏着小型哺乳类持续不断的活动，包括田鼠、家鼠和旅鼠。它们不只适应了积雪，还靠着积雪才得以存活。它们沿着地面与雪层底部间隙里2.5厘米、5厘米高的宽敞通道急奔，这个间隙是积雪稍微收缩后形成的。

这个区域被看似永无尽期的黄昏从上方漫射照亮，一旦积雪超过15厘米厚，就会在冰点附近感受到空气的温度，因此可以隔绝上方的寒冷空气。这个由开放空间与隧道所构成的雪下系统使这些哺乳类动物移动时不会被许多猎食者看见，不过狐狸和猫头鹰能够听见奔跑的声音，通常能精准地知道该扑向何处。

有些地方的地面与积雪层之间的空间被填满，啮齿动物建造迂回曲折的隧道，一半在地下，一半在雪中。一旦春雪融至2.5厘米、5厘米，这些沟渠就成了最醒目的景象。动物的冬日动态不断露出蛛丝马迹，尽管我们的眼睛什么也没看到。

世界气候变暖并未帮助阿拉斯加原住民——不论是人类或

其他物种——尽管你会认为相反的情况是正确的。气温在高纬度上升得比其他地方都高。永冻土仍然是极北体验的主导方面，但现在面临了剧烈的变化。这直接影响了住在极地村落和小区的人们。根据联合国政府间气候变迁专门委员会最近的一项报告，北极永冻土持续融解的现况"很可能对基础建设有重大影响，包括房屋、建物、道路、铁路和管线"。

专家们相信，到了21世纪中叶，永冻土将缩减20%～35%。在我开车前往珍娜温泉的路上，经过那些像游乐场怪怪屋一样歪斜的房屋，我可以清晰鲜明地看到这件事正在发生。就连著名的阿拉斯加高速公路，那儿的人都叫它阿加（Alcan）〔意指阿拉

★在这幅冬季景象中，万物似乎一动也不动。但在雪下，在雪的下缘与地面之间的空隙里，暗藏着"雪下国度"，那儿的小型哺乳类活动从未断绝

斯加（Alaska）到加拿大（Canada）〕，也因为主要路基的永冻土融化，有些路段崩塌成灾。2012年7月23日，《纽约时报》在庆祝这条历史性道路完工七十周年的文章中提到："随着气候暖化，成片的永冻土正在……融化——留下裂缝处处的路面，柏油路面变成了洗衣板，除此之外，还危及道路的稳定性。"

有些地方的永冻土已开始进行融化又结冻的季节性循环，怪异的现象随之而生。其中一种现象有着冰核丘（pingo）这个奇特名称——这是一种可达十层楼高的小丘，成因是地面物质无休无止地年年隆起而周期性向上推升。

西伯利亚有些湖泊突然消失是由于热喀斯特（thermokarst）情况，它发生在温度上升时，使得够多的永冻土融解，开启了缓慢流往地面低洼处的通道。巨大的湖泊一夜之间突然漏光。这些湖泊变得空空如也，仿佛有人拔掉了浴盆塞子一般。你是没法弥补这种事情的。①

车子开进十年没来的珍娜温泉，我对这山穷水尽、化外之地的边哨远镇有了全新的评价。它没怎么变，如今妆点得稍稍整齐了些，这是由于现在有团团爆满的日本观光客来参观他们眼中神圣的北极光。但说真的，珍娜的场地和小木屋还是只比"土里土气"高一级。真的，阿拉斯加很多乡下地方都土里土气。大部分的村落看起来就像是经过美化的露营拖车停车场。这些村落最

---

① 在阿拉斯加某些滨海城镇，融解问题不在地下，反倒是在地表。由于夏季没了海冰，现在海浪不是打在向来作为永久缓冲的冰上，而是打进建筑物里。海冰在夏季变成了开放水域，小区的噩梦随之而生，阿拉斯加西北部的基瓦利纳村（Kivalina）就是一个例子。那儿的300名居民面临迁村，预估要耗费5400万美元。

普遍的，就是有临时阶梯和小窗户的牧场住宅或小木屋，院子里堆放着旧引擎和防水布。我猜，这种毫无掩饰自有其动人的实感吧。

上回来这儿，我租了一架飞机，利用珍娜温泉的雪地跑道，往北飞过附近的北极圈，降落在像贝托尔斯（Bettles）这种只有12口人、完全没有道路的村落。当河流解冻，一切进出就靠小飞机了。在白色的结实跑道上降落后，我假装自己是个无人地带飞行员，尽管那些正牌真货的魄力胆识完全不是我的路数，我还是在那些矮墩墩的小屋中间找到只此一家、别无分号的小饭馆。所有埋头用餐的客人都抬起头来看，一直盯着我瞧。那儿的访客不多，我是他们的余兴节目。女人们很性感，男人们出奇地沉默、瞪着大眼。但隆冬正是来此一游的迷人时节——比夏天好，因为夏天有密云般无尽的蚊子，以及没完没了、扰人清梦的日光，这意味着不可能有机会看到那传说中的光。"3月是最好的月份。"我听原住民一再这么说。

珍娜温泉提供基本的小木屋、狗拉雪橇，以及——卖点所在——满满一池热气腾腾的天然温泉。你在极光之下90厘米深、39摄氏度的水中放松身心，虽然你的头发冻得结块。之后30分钟的极地旅行，乘坐配备坦克履带的极地交通工具，样子就像顶着密闭舱的拖拉机，带着你一直往上，远离温泉和小木屋，来到一处山顶的平坦处，四面八方都有白雪覆盖的锯齿状山峰环绕着。你先穿上所有保暖衣物——两层卫生衣和卫生裤、连帽衫加长裤，全副武装后，再穿上政府发的橘色极地连身裤。还是冷得要命。

上回我来这儿，当时温度是零下37摄氏度，我拿着一杯煮沸的水走到户外，把水泼向空中。这液体发出叮叮当当、噼噼啪啪的巨大响声，撞到地面时，成了一片片冻结的冰。和上次相比，今天晚上感觉不到温暖，虽然温度计记录到的是还算温和的零下29摄氏度。

到了山顶，北极光不仅布满天空，还把雪地染绿。方圆160千米内所有尖顶山峰都闪耀如翡翠。这对温泉业主来说是司空见惯的，他们是在2000年勇敢接下当时勉强苦撑的国营事业。今晚是本季第50次，他们凝视翠玉般的帘幕飘动着，再一次心怀敬畏地无言伫立。至少我认为是心怀敬畏。也有可能是纯粹冷到说不出话来——敬畏和受冻都会产生类似的行为。

当极光波动时，没有人开口说话。色斑、光线、弧光和帘幕悠缓地窸窣作响，仿佛是浩大天国的帷幔。这些变化与夏日低垂云彩的变幻速度相仿。一直瞪大眼睛盯着看，勉强可察觉极光的运动。往旁边看一分钟，再转回头来，景色已经完全变样。观察者位处阿拉斯加中部的此地，往往是从那些帘幕的正下方凝视，所以这些帘幕的"褶"是垂直往上，像铁路轨道一样在头顶会集。色斑消失、更替，粉红流苏来而复去，慢动作的舞步难以预料。

但形成这舞步的不可见之物，即极光之幕背后的魔法师，一点也不迟钝。

这出戏始于脱离太阳重力与磁场掌握的太阳粒子大规模的喷发。美国物理学家帕克（Eugene Parker，1927—）最先在1950年代推测，太阳——这颗距离地球最近的恒星，持续不断泄漏出破碎的原子碎片——他称此为太阳风。他的先见之明所得到的奖赏是：人们不留情面地加以嘲弄。一直到1957年之后发射的宇宙飞船实际侦测到这种无休无止、蜂拥而来的物质——大约每一块方糖大小的空间就有十个粒子，全都以每秒数百英里向外飞驰——帕克才从蠢蛋升格为先知。

随之而来的，是我们慢慢开始认识到太阳风一直以来对太阳系的影响方式。没过多久，所有像跟屁虫一样的人都这么说："那还用说！彗星的彗尾之所以总是指向与太阳相反的方向，一定是这个原因。彗星就像风向袋一样，被太阳风往回吹。我们早该知道！"

然而，一直到20世纪70年代，研究人员才发现真正超密、超快速的太阳风，相比之下，帕克发现的太阳风就像徐徐和风一样。这些爆发以每秒约800千米的速度一次喷出100亿吨物质，被称为CME，也就是日冕物质抛射（coronal mass ejections），它们的数量真的很大，会使我们的电力网络和卫星遭受严重的损害。

这就是太阳粒子喷泉粗略的运动画面。但一如往例，魔鬼藏在细节里。我们这颗行星的磁层可以引导这些太阳碎屑做成的枪子儿，安全地绕过我们的世界，只要这个蜂群的场和我们行星的场有同样的磁极性——比方说，两个场的北方都是朝上。就像他们磁力学圈子里的人说的："同性相斥。"

反过来说，如果这群嗡嗡叫的太阳大黄蜂的极性与我们的相反，就会把它们的能量传给我们行星的场。这么一来，带电粒子会气冲冲地滑进我们的磁场和我们的上层大气层，这会制造出大量电荷。在我们上方160千米处的稀薄空气中，氧原子的电子因

★虽然这些阿拉斯加冰川的运动非肉眼所能察觉，但基本上是以每小时0.3米的速度向海前进

而被激发。当这些电子重新回到它们比较偏好、比较习惯的位置时，会放射出异样的绿光。这就是极光的完整故事。

整件事是一场运动展示。太阳物质在运动，我们自己空气中的电子在运动。极光本身，有如现场表演的抽象艺术，以鲜明活泼、令人难以置信的方式运动——尽管换个布景得花上一分钟才行。

令人惊讶的是，即使在一般情况下，阿拉斯加的人们很少了解这个过程。他们习以为常地抬头看着这些光，但我曾无意中听到许多人对同伴"解释"这是从地球亮面的海上反射而来的阳光，或是转述某些同样已被戳破的19世纪的说法。

　　显然，如同帕克的超声速太阳风，科学知识自己也在运动。而这种运动，一如杰克·伦敦及其美洲原住民因纽特（Inuit）的奇幻故事所述说的往日时光，有时动起来迅捷一如阿拉斯加的蓝冰①。

---

　　①　冰河的冰结晶颜色偏蓝，因此用"蓝冰"命名。——译者注

第7章

春天的秘密

（但是 真实 对于死亡的 无与伦比的眠床你的 节拍的 热爱着你
回答 他们只用 春天）
——卡明斯（E. E. Cummings），
《噢甜美的自然的》（*O Sweet Spontaneous*），1920

● ● ● ● ●

　　一个暖冬后的4月，美国东北部山区突然爆发了一场超级大混乱，月历都可以被扔出窗外了。蜜蜂绕着霓虹黄色的连翘花疯狂打转，比预计时间提早了几个星期。在声誉卓著的康奈尔大学的合作推广体系里，植物学、动物学和昆虫学的顶尖专家搔着头，协助当地农民弄清楚这种早春现象对苹果树等有何影响。

　　即便经历一个常态的北方冬天及其一成不变的单色调，名词性的春天也表现出动词性的另一面[1]。无数的行动突然涌现。这些行动令孩子们的思维开始活跃：花开得有多快？树长得有多快？

---

[1]　"春天"一词的英文spring也有"突然跳出、涌现"的动词用法。——译者注

昆虫飞得有多快？树的汁液流得有多快？这一切是怎么发生的？

只是引用速度数据，并不能公平地呈现这个经过精心设计、艰巨复杂的事业。当丰富多样的复杂性如小丑箱一般，受阳光与温暖的刺激而随处蹦出，确实不可以。因为生物学真的是物理学友善的一面。当温度升高，所有酵素、粒线体、葡萄糖转换和生命所依赖的其他反应也增加。①我们哺乳动物会制造自己所需的热量，当这么做难度太高的时候，我们就冬眠，把体内温度降低10度左右，渡过难关。冬眠期间，花栗鼠的心跳从每分钟350下变慢至4下。活动步调——体内和周遭——变得如冰川般极度缓慢，一整群睡觉的熊、蝙蝠、地松鼠和土拨鼠在我们看不到的地方打呼噜，而且往往比我们想象的更靠近我们的卧房。

但植物和无脊椎动物没办法这么做。它们得等到冬天结束。所以冬天结束时，当它们——昆虫、蠕虫、蝌蚪，诸如此类——冒出头来，同样冒出头的还有它们的掠食者：鸟、浣熊和狐狸。这令人敬畏的整个孕育过程是同时形成的。这就是为什么春天不只是季节而已。它是以动作为基础的事件。②

在亚热带的佛罗里达州、南加州和德州，春天从2月开始，每星期北移160千米。飞机上的旅客可以观察到春天生动鲜明的

---

① 这当然就是我们把食物放进冰箱的原因。光是把温度降到4摄氏度，我们便对无数种生物学过程产生巨大的抑制作用，包括细菌繁殖所需的那些过程。拔掉冰箱插头，让温度上升微不足道的20度，然后牛奶很快就酸掉，生物学大戏得以重新展开。

② 今日的作家们用起"敬畏"这个词很谨慎，因为打从20世纪90年代起，这个词就无所不在到泛滥的地步。最近去杂货店买东西，店员问我有没有金额刚好的零钱，当我掏出零钱，他说："令人敬畏啊。"

"不，"我回答他，"大运河令人敬畏，金额刚好的零钱并不令人敬畏。"那么，春天的开展呢？绝对也令人敬畏。把这个形容词再拿出来用一用吧。

边界，绽放的花朵和叶子以每小时1千米的速度冲向北极。春天行进的速度和爸妈推婴儿车的速度大致相同。

在三个月的过程中，春天前进超过1600千米，涵盖缅因州、北达科他州、蒙大拿州和华盛顿州以及加拿大南部的部分地区。在山区，春天先蔓延到山谷，然后爬至山顶。

植物年复一年按相同的顺序盛开。最早盛开的，如雪花莲和番红花，乍现于雪差不多已经融化的地方。随后是球根植物，比如郁金香和黄水仙。此时的变化是按日计算的，明黄色的灌木植物连翘花也来报到。接着，那些色带黄绿、按捺不住要上台表演的，如柳树、木兰、枫树和杜鹃，冒出大量的新生树芽和嫩叶。樱桃花也在这个时节前后出现。

昆虫从它们的冬季大通铺蜂拥而出。和植物一样，它们并不是等某个特定日期，而是呼应着变暖的温度。有些昆虫，如蝴蝶，在冬季期间会在树洞或缝隙中走完生命的各个阶段——幼虫、蛹和成虫——这样它们就能充分利用春天的时光。候鸟如知更鸟和红翅黑鹂，最早抵达参与这第一场戏。它们利用秋天南徙所经过的路线，捕捉最先冒出头的昆虫和蠕虫，在此时宣示繁殖和育雏的领域。

昆虫的发育只在温度超过特定阈值时发生，通常是在10摄氏度的时候。一旦变得够暖，简直像自然生成论（spontaneous generation）生效一般[①]：突然到处都是昆虫。蚂蚁开始爬，平均速度是每小时0.32千米（做个对照，雷声一秒内就走完同样的

---

① 自然生成论主张生命是从无生命当中生成，如肉腐而后虫生。——译者注

0.32千米，雷声比蚂蚁快3600倍）。

每一个物种都有自己的故事和公关形象。人人都爱蝴蝶，引以为傲的是，在每一种印欧语系罗曼语中，它都有甜美悦耳的名称：法语是papillon，西班牙语是mariposa。连德语都设法让"蝴蝶"比一般词少一点喉音：der Schmetterling。蜜蜂和蜻蜓也得到了不错的评价。

但蚊子当然就不是了。它们已知的种类约有3500种——一直还有新品种被鉴定出来——曾被称为"地球上最致命的生物"，主要是因为其中三种会传播疟疾、登革热和黄热病等疾病。只有雌蚊会从我们这种脊椎动物的身上吸血。

在我们与蚊子对抗的经验中，运动扮演了关键角色。蚊子需要不流动的水，很少冒险离开繁殖地超过1.6千米。所以如果你管控好你所在的地区，不要有静止不动的水池（没有旧轮胎和中间凹陷的帆布之类的东西），就有可能可以彻底阻止蚊子出现。在林木极为茂盛的地方，比如阿拉斯加、小凹地、池塘，以及雨后、融雪和永冻土留下饱含水分的土壤，根本到处都是，这是一项毫无希望的任务。

除了南极，蚊子在地球的任何地方都可存活，而且通常十分密集，会导致一只阿拉斯加驯鹿一天就流失约0.47升的血。蚊子虽然无处不在，但雄蚊只能活一星期，雌蚊最多一个月。从卵、蛹到幼虫阶段加起来，为时也只有几个星期。所以要是繁殖地干涸，蚊子一个月后就消失了。

想要打蚊子却总是打不到吗？研究昆虫速度的科学家得出结论，蚊子似乎比实际还要快。这个感受课题得回溯到每秒移动几倍体长那个老问题。蚊子通常是以每小时4千米的速度飞行，所以它们连慢跑的人都跟不上。但因为这相当于它们每秒移动自身体长170倍的距离，看上去像超声速一样快。

蜜蜂通常是以慢跑速度在移动——每小时11千米。在春季出现的昆虫中，苍蝇看起来最快，也确实是最快，每小时16千米。在蝇类昆虫中，马蝇是冠军，每一个曾试着要闪躲那些地狱魔物的人都知道这一点。它们能以每小时23.8千米的速度飞行，只有短跑健将才有希望跑得过它们。然后，最快速的正牌昆虫是蜻蜓。它们有5680种，而且经过计时，它们的速度可达惊人的每小时64千米。最棒的是，它们爱吃蚊子，而且不费吹灰之力就能逮到蚊子。

5月是杜鹃花瓣增色的时节，另外还有海棠树和多花狗木，也就是四照花。5月还有紫藤盛开，紧跟其后的是神奇的丁香——至少有种植最多的品种：欧洲丁香。它们天堂般的香味，在木兰花开的几个星期后接踵而至，弥漫乡间。

香气本身的运动方式难以捉摸，因为它们只能随着空气移动。一片死寂意味着香味很难离开花朵。另一方面，风吹得太快，香气分子会被稀释和消除。

6月初，春意依然，多年生植物连同开花灌木如麻叶绣球、玫瑰和荚蒾——几乎一起爆发。一开始的狂乱节奏，此时变得稳定，灌木、花和树注定各自在既定的时期达到巅峰。到了春天的尾声，6月21日夏至——随着本世纪的进展，这个日子越来越常落在6月20日，这是格勒哥里历（俗称的阳历、国历）400年周期的结果——抗拒到最后的，比如山核桃和慢吞吞的梓木，就连这些树最北边的部分也已经长叶子了。

　　每年春天，在你乡居的90米范围内，数以百万计的昆虫、植物和动物的动态性的同步赋动现象都会按相同顺序重复一遍。但让我们现在再靠近一点，看看隐藏在帘幕后的运动。

　　1663年，英国哲学家、自然科学家波义尔（Robert Boyle，1627—1691）写道："新英格兰有些地方有一种树……如果让切口滴出的汁液慢慢排掉多余的水分，会凝结成一种甜到发腻的物质。"的确如此，北方各州有一种预告早春来临的标记，就是在枫树上切割开口，目的在于收集汁液，然后煮沸成糖浆。因为取150升汁液只能生产出3.8升枫糖浆，所以需要有大量的汁液。很多人以为，在春季期间，所有的树内部都有汁液在流动，但其实并非如此。很少有树被刺穿时会排出汁液，枫树也只有在某些古怪的情况下会如此——只有在长叶子之前。

　　枫树在夜冷日暖的时期生产汁液，这种情形通常出现在3月和4月。如果温度一直高于冰点，或是一直低于冰点，还有当夜晚不再降到冰点以下，汁液就会停止流出。你可以在柳树、桦树、榆树、白杨和其他许多的树上做切口，但你一滴汁液也收集不到。现在我们知道，原因一定和树体内部冻结及随后回暖有关，因为这会放出膨胀气体而推挤液体。但还没有人了解为什么必须有饱含蔗糖的甜液或是这和活体的树细胞有什么关系，所以这一点依然是神秘未知的。不过，煎饼上出现又甜又黏的美味糖浆，让我们暂时忘却科学上可能遭遇的挫折。

　　相比之下，其他树种在长叶子的时候，汁液经由木质部往上走，而且不甜。植物和树会蒸发，意思是水分从叶子中蒸发掉。这会创造出局部真空，将水分从根部拉上来。你可能会认为汁液在炎热的下午跑得最快，因为植物在31摄氏度时，蒸发得比21摄氏度快3倍。然而，汁液在上午10点左右速度最快，不过这速度会持续一整天就是了。

如果有超人的X射线透视，就可以观察到汁液并非缓步前进。多年来，人们借用注射染色剂和放射线监控来测量数据，但过去十年来最受欢迎的方法，是以尖细的温度探针插入树身各个不同部位，并把热量从树身底部导入。这个方法证明，上升的汁液把导入热量往上带的速度有每秒0.76厘米这么快。这听起来可能不快，但换算起来约为每小时27.5米，能让最高的树把水分快速从根送到叶子。不过，大部分的树都没这么快速，每小时2.5米这样的速度还差不多——但还是轻快得足以让我们看到水在动，如果我们的目光能够穿透树皮的话。

同时，在茂密的树林中，野花赶在树叶遮蔽之前，把新芽推到地面上，善用森林地被层为期短暂而弥足珍贵的日光。

温度往上攀升，噪声等级也一样，因为声音是运动的音响面体现。这有一个我们熟知的例子，就是蟋蟀的鸣叫。只有雄性蟋蟀会鸣叫，但很明显的是，鸣叫声的节奏随温度而改变，这在乡下每一个角落都一样。鸣叫声源自一片翅膀的顶部刮擦另一片翅膀的底部，夜晚越暖越狂热。

同样地，这个原理就像老旧电池在结冰的早晨发不动车子一样。化学反应随温度上升而加速，昆虫的新陈代谢过程也一样，这就是为什么聪明人都会在寒冷的夜晚摘除不受欢迎的胡蜂窝，因为胡蜂冷到没反应。蚂蚁行走的速度也是依温度而定。所有昆虫都仰赖其体内神秘的化学反应，除了期待环境持续温暖，没有其他加速反应的方法。当温度上升，进行各种肌肉收缩的化学反应所需要的能量门坎比较容易达到，而这些肌肉收缩是行走、飞行或——以蟋蟀这个例子来说——唧唧声的先决条件。

蟋蟀发出鸣叫声的速率也和品种有关，但平均来说，夜晚气温为13摄氏度时，大约是一秒叫一声。如果你想在下次童军大会或"全民猜谜大挑战"（Trivial Pursuit）游戏中炫耀一下，可以告诉所有人，温度与蟋蟀鸣叫声之间的关系叫作多贝尔定律（Dolbear's law）。

多贝尔（Amos Dolbear）生于1837年，曾几乎是全世界最有名的人，但不是因为昆虫。当我们想到电话、无线电和电灯的发明，脑中就蹦出贝尔（Alexander Graham Bell，1847—1922）、马可尼（Guglielmo Marconi，1874—1937）和爱迪生这几个名字。但原本有那么一丝机会，我们只会——有些人说是只应该——想到多贝尔。

他可不是在工具间里敲敲打打的人。多贝尔毕业于俄亥俄韦斯利大学，最后成为塔弗斯大学（Tufts University）物理系主任。他二十几岁时就做出一部可用的电话，他称之为"交谈电报机"，这个装置运用了他自己拿永久磁铁和金属振动模块装成的听筒。那是1865年，贝尔版本的电话取得专利整整十一年前。之后，多贝尔拼命想证明是他先发明了电话，而不是贝尔，案子一路打到美国最高法院。《科学人》杂志（Scientific American）在1881年6月18日报道："要是多贝尔乖乖照专利局繁琐的规矩办事，那么如今广泛认定荣归贝尔先生的这具通话电传听筒，很可能就会和他自己历次得奖的作品摆在一起珍藏了。"

　　遭受挫败但活力不减的多贝尔转而研究无线通信技术，而且在1882年，时任塔弗斯大学教授的他成功运用穿地无线电波传输，把讯号送出0.4千米远。他在与贝尔的较量中学会了明智，为自己的"无线电报"申请并取得专利，到了1886年还把传输能力增进到0.8千米。此举具有开创性，超越了德国物理学家赫兹（Heinrich Hertz，1857—1894）的理论研究，并领先意大利人马可尼的实用性发明整整十年。多贝尔的专利后来阻止了马可尼的公司在美国做生意，并迫使这个意大利人买下多贝尔的专利。

　　多贝尔甚至比爱迪生超前，发明了一套白热照明系统，不过这次他又重蹈覆辙了，动作不够快，没能挤下爱迪生后来的垄断势力。简言之，他是一个以当代所有最重要科技发明人之姿留名青史的流星过客。

　　这些发明家似乎没有人真的剽窃过其他发明家。他们倒像是以一种奇怪的方式呼应大自然对模式的偏好，不同的人在大致相同的时间想到相同的点子——百猴效应的一种，这种效应似乎比随机偶发更常发生。①

---

　　①　"百猴效应"是20世纪70年代广受欢迎的一个概念。故事是说一位在热带岛屿观察猴子的研究人员，看到一只猴子在进食前先清洗食物，把沙子弄掉。根据他的记录，没多久，其他猴子做了同样的事——这种行为以前在这种类人猿身上从未见过。显然，有一种演化作为正在发生。

　　现在，令人迷惑不解的来了。仅仅一年内，许多研究人员突然开始在世界其他地方的同一种猿猴当中看到相同的行为。结论令人惊奇：当数量大到某一临界值的动物开始以特定方式思考或行动，这个现象就达到某种转折点，那些生物全部都在脑海里同时蹦出这个想法，无论它们在世界上的哪个地方。

　　这是古老的超感官知觉（extrasensory perception，ESP）那一类东西，从未因科学兴起而被埋葬。尽管新纪元运动与这个时代气味相投，但似乎没有全面失控。鸟群和鱼群似乎会进行同步转向，仿佛有心智上的联系。（下接第108页）

多贝尔既非科班出身，与应用物理学也向无渊源，突然投了一篇文章给《美国博物学家》（*The American Naturalist*），获采用刊登于1897年11月号。多贝尔这篇标题为《蟋蟀温度计》（*The Cricket as a Thermometer*）的文章，理清了夜晚温度与蟋蟀鸣叫速率之间的关联性。他的表式后来以多贝尔定律之名传世，至今在昆虫学界的小圈子里依然广为人知。你只要计算14秒内[②]的鸣叫次数，然后加上40。瞧！这样你就能知道现在的华氏温度。这个算法假定你听的是雪白树蟋的鸣叫。

多贝尔离开这颗行星一个世纪后，名气早已不复当年。或许我们可以对此有所弥补，不过只是稍稍弥补，办法是我们下次出门露营时，装模作样地引用多贝尔定律来宣布温度度数。

蟋蟀轻易就会吸引我们的注意，因为我们人类非常注意与自己心跳大概同步的反复现象——而蟋蟀的鸣叫速率与此相差很少超过50%。我们特别会注意每秒重复0.5~10次的事物。比这个慢的，我们可能会把个别的事件——像是猫头鹰的叫声——视为互不相干，而不加以串联成单一活动；比这个快的，我们觉得是一种稳定的声音，自成单一独立事件，而非诸多事件拼装组合。

（上接第107页）凯耶斯（Ken Keyes）在他的畅销书《第一百只猴子》（The Hundredth Monkey）中采用了这个观念。凯耶斯认为，如果参与和平运动和环保运动的人够多，这些运动就会突然"起飞"，变成全体人类的既有行为。

这是美好的乌托邦概念。但在此同时，我们已经知道，最初的那个故事是虚构的。结果是从来没有研究人员注意到有越来越多的猴子在洗水果。动物学家指出，猴子本来就经常清洗水果。

② 也有15秒之说。——译者注

例如，很多蚊子以音符A（即La）的音发出恼人的嗡嗡声，和电话拨号音相同。①

这是翅膀以每秒440拍的频率振动所造成的。②但也有其他蚊子以每秒振动600次的频率产生D或升D之类的音。不管是哪一种情况，我们的耳朵都感觉不到两种不同的蚊子的拍数。不管是什么，每秒大约15拍以上的频率似乎就是同一种音调。

同时，当蜜蜂越空飞冲、为花树授粉，其低沉嗡鸣的音高来自翅膀每秒振动230次，升A音调比蚊子的嗡嗡声低了整整八度。但当蛙与蝾螈快速从冬眠中醒来，求偶之歌开始传遍空中时，它们已经准备好要迎接各式各样的飞虫。

在一出出沼泽音乐剧上方，萤火虫一闪一闪地发光。萤火虫的生物荧光是荧光素酶与氧交互作用而成，通常会发出和极光同色的黄绿光。③而且萤火虫就像极光，会产生无热度的辐射。萤火虫也和北极光一样，发出靠不住的光。昆虫的活动期只有晚春到夏天之间的几个星期，只在比10摄氏度温暖的夜晚。

随着春意渐浓，本季新生的哺乳类幼崽越来越容易被乡村居民看到。我们看到幼熊和幼鹿紧跟着母兽，但我们很少观察到行踪比较隐秘、鬼鬼祟祟的动物，如郊狼，它们也在这时生养小

---

① 其实，拨号音调包含了两种音符。一个的确是音符A，每秒440周期。另一个是比较安静的低沉音调，每秒350周期，那是音符F。如果你把一个振动感知的吉他调音器放在电话上，它会一下宣称侦测到A，一下宣称侦测到F，变来变去。

② 中央A的音高即为440赫兹。——译者注

③ 如果你是个很在意精准度的人，极光波长通常为557.7纳米，萤火虫的光则介于561～570纳米之间。两者的黄绿光看起来简直是一模一样，但萤火虫稍黄了一点。

狼。其实，这些大型哺乳类没有一种是在春天繁殖后代的。它们在前一年的秋天交配，出于本能地安排它们的幼兽在春食盛宴期间出生。会在春天外出与异性约会的主要是小型哺乳类，它们甚至会调整各种活动的时间，好抓住季节丰足的高峰期。花栗鼠早在2月，甚至是残雪依然处处可见的时候，就开始增强活动到足以进行繁殖，因而跻身于我们最早看见的哺乳类之列。它们靠着洞穴有多处出入口来逃避掠食者，并以其急奔急停的速度来保护自己。

通常光是这样还不够。虽然有人在网络上荒谬地宣称，有很多种啮齿动物能以每小时56千米的速度一路狂奔，但实验室的轨道实测和田野测量显示，啮齿动物的极速大约在每小时16千米上下。它们看起来可能会比这还快得多，理由同上，因为这些啮齿动物一秒就能跑过好几倍的自身身长。但家鼠狂奔起来的速度只有每小时13千米，常见的灰松鼠在晴朗的日子可以达到每小时19千米。对它们来说很不幸的是，如果比直道赛跑，它们跑不过常遇到的掠食者。家猫可以跑得比任何家鼠快上3倍有余。因此，汤姆猫和杰瑞鼠之间的竞赛并不公平。

谁能抓到谁？

开始打猎喽：常见哺乳类的极速

	每小时千米数
花栗鼠	11.3
家鼠	12.9
松鼠	19.3

白尾鹿	48.3
猫	48.3
灰熊、黑熊	48.3
兔子	48.3
狐	67.6
郊狼	69.2
跑最快的狗	70.8

　　那最快的动物呢？猎豹和旗鱼不分高下，两者的速度都可以达到每小时110千米。历来最快的赛马，至少在2千米组，是"秘书处"（Secretariat）。1973年的那一天，"秘书处"远远甩开所有的马绝尘而去，赢得肯塔基大赛，它留下的纪录是均速每小时61千米。

　　至于有翅膀的动物，它们的速度要依它们的动机而定。巡弋的飞行速度多半介于每小时32~48千米，小型和大型鸟类都是如此。鹅和蜂鸟就是以相同的速度飞行。万一有必要的话，几乎所有鸟类都可以缩拢翅膀俯冲，比它们飞的还快得多。游隼向来以速度最快的鸟而闻名，俯冲时的速度能达到每小时320千米，但它们平常的速度是这个数字的一半。不过，即便是每小时320千米，或许也算不上是"成就"：人类特技跳伞员采用头下脚上、双臂并拢体侧的姿势，也能达到相同的速度。这纯属终端速度的问题，不需要技术。就连隼也没法追上一个正在俯冲的莽汉。

　　眼睛还来不及眨一下，鸟就能抓到田鼠、松鼠和花栗鼠。

★几乎所有鸟类的飞行速度都介于每小时32~48千米，但它们的振动速率差异极大：蜂鸟每分钟拍动1250下，图中这些灰雁每分钟拍动100下左右。（Michael Maggs，Wikimedia Commons）

松鼠采取的是最具视觉张力的防卫策略，就是持续"之"字形移动，好让猛扑而下的鹰很难瞄准逃窜中的啮齿动物。但针对不同目的，鸟类可以采取不同的速度，它们也的确会这么做。鹰在侦察巡逻时，也就是在空中徘徊以搜寻猎物，会希望最大化自己的耐力，因而缓缓摆动翅膀以保存能量并滞空数小时。但打算前往遥远猎场的海鸟，则会希望极大化其航程。这通常意味着不要飞快，甚至不要远距离空中飞行；关键或许在于利用季风洋流。鸟类有时被迫把速度加到最快，被掠食者追赶时就是这样。

这么说应该不会有争议：几乎所有鸟类的飞行速度都介于每

小时16～64千米，而巡航多在32～48千米的范围内。很多都快到足以捕捉飞虫，少有飞虫的飞行速度能达到每小时32千米。

但发生的比眼见的还多。我们亲眼所见的，就很多方面而言，比不上我们借助X光透视（有了这种方法，我们便能透视皮肤）或缩时感知（time-lapse perception）所能发觉的那般迷人有趣，因为春天所展现的最戏剧化的魔法，就是生长的动作。[1]

树木是根据生长速率的慢、中、快来进行分类。慢的意思是一年的生长长度少于0.3米，快的意思是多于0.6米，中是介于其间。每一个品种都不一样。糖枫的外观年复一年几乎没有改变，而柳树的树形变得很快。

春天促成树木在一年当中最快速的生长，植栽作物也一样：新芽往上伸展，一天最多最多生长2.5厘米。这样的生长都跨不过可见运动的门槛。最接近可见运动的植物是某些攀藤类，这些攀藤类运用怪得几乎可说是吓人的固着器，以及紫藤环绕缠卷的攀缘茎。这种攀缘茎每一季可延展3米，透过缩时摄影就像看科幻片一般。

树木长得有多快？

快（≧0.6米／年）	中	慢（≦0.3米／年）
榆树	椴树	胶冷杉
皂荚树	挪威枫	黑胡桃树
红枫	欧洲赤松	白橡

---

[1]　例如缩时摄影每隔一定时间拍摄同一对象，最后将间隔拍摄的影像连续播放，可以用较短时间观察该对象在较长时间中的变化。——译者注

梣树	红松	白胡桃树
桦树	云杉	糖枫
刺槐	白松	
梣叶槭		
棉白杨		
红橡		
银枫		
柳树		

同样地，如果我们能够透视地表，便会看到曲折蜿蜒的根部每星期推进5厘米到60厘米之多。然而，历来生长最快的赢家植物并不是我们多数人所喜欢的：竹子。这种植物以它最粗大的模样破土而出，然后以慢到视觉几乎无法辨识的速度向上出头。它创下的纪录是，仅一天就增长了近1米，也就是每小时3.8厘米。

所以，单单春天一个季节，就称职地发表了大自然一场又一场出色的赶场秀。快速的变化就是它戏剧化的地方，尤其当它披上色彩鲜明的外衣时——而变化正是运动的另一种说法。

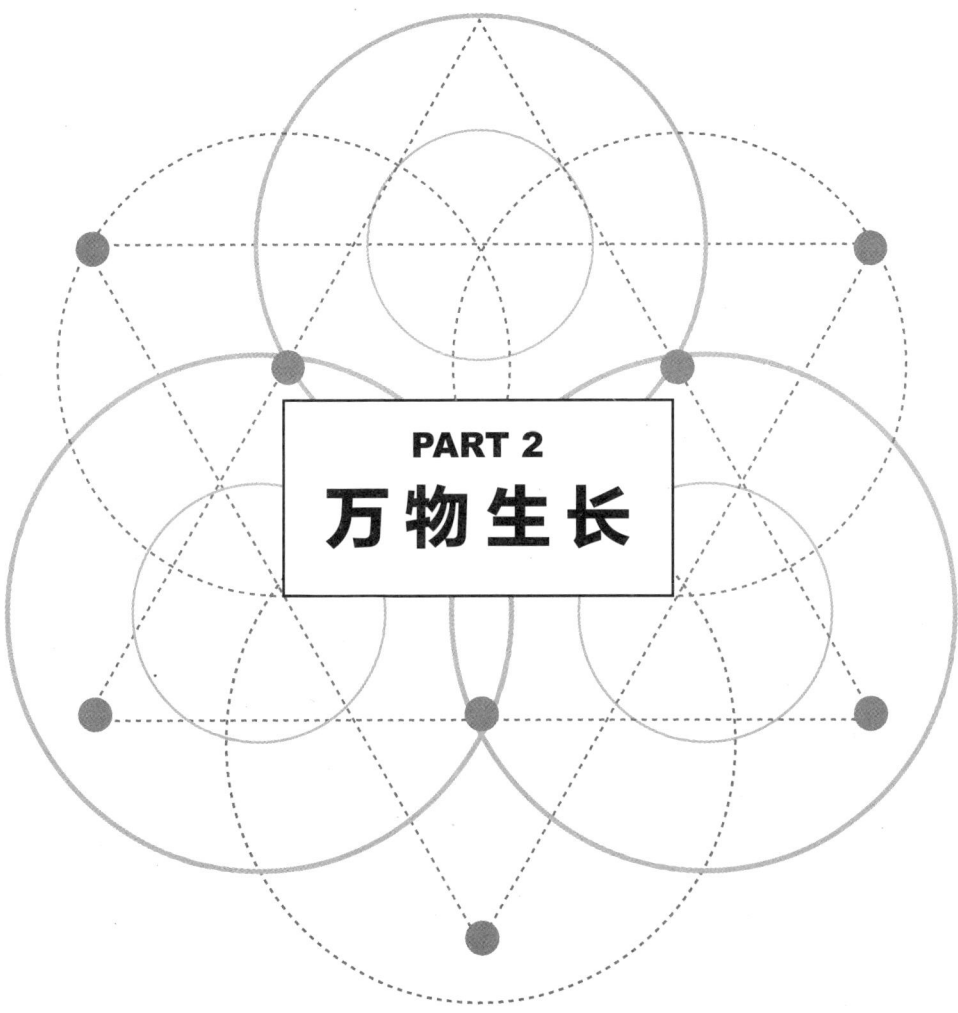

PART 2
万物生长

第8章

解开风中密码

灰眼阿西娜给了他们温和的顺风，

一道清新的西风，吟唱于暗沉如酒的海面之上。

——荷马（Homer），《奥德赛》（*The Odyssey*），约公元前8世纪

●　　●　　●　　●　　●

　　圣经《约翰福音》第三章第八节说："风随着意思吹，你听见风的响声，却不晓得从哪里来，往哪里去。"

　　吹动的风引发我展开这次理解自然运动的探索。但是风受损根本不是什么独特的经验，而是全球各地文献中习以为常的情景。不可见的物体毁坏了家园，其产生的忧虑引发了一代又一代的恐惧。

　　但我知道我得到哪里去。到向来是北半球最多风的地方去，那里的风速表所测到历来最快的阵风纪录维持了半个多世纪。那次的阵风相当于EF4级龙卷风的中心风速。[①]

---

　　① 在某些引用资料中，澳大利亚巴罗岛（Barrow Island）获颁史上最强阵风奖——风速是每小时407千米。那是在1996年4月10日热带气旋奥利维亚（Olivia）肆虐期间记录到的，超越之前1934年4月12日在华盛顿山创下的每小时372千米纪录。不过，华盛顿山纪录是在平常日，不是气旋发生期，而且不管怎么说，新罕布什尔的山区有较高的持续性平均风速。因此，它应当有资格留下"全世界最多风"的称号。

　　新罕布什尔州的华盛顿山所保持的，不仅是吉尼斯式的纪录。这座山的阵风名闻遐迩，让人们渴望亲自来一次风的体验。为了容纳这些人，该州建造了一条通往山顶后方的道路，当时正值林肯主掌白宫的时期。从那时起，已经有很多寻求冒险的家庭完成了朝圣之旅，这场冒险还有一张自夸的特大贴纸加持认证。

　　当然，我可以偷懒地坐上我那架四人座老飞机，自己驾机飞过那1917米的山顶，但这么做怎能体验到那山顶上名闻遐迩的风呢？除此之外，我也很害怕。风在山区四处肆虐，华盛顿山的古老地形更使出全力迫使空气通过狭窄的漏斗状通道。我曾读过记载：一架波音707喷射客机在1966年3月5日飞过日本富士山附近，不幸因山理学因素引发乱流把客机的尾部给扯掉了。①

　　在古代，有谁能对空气涡流有初步了解？有谁能想象出使地球5000兆吨气体开始常年运动的任何机制？古代没有人能处理气态领域这些是何物、会怎样或为何的问题。进展最多的西方人是亚里士多德，他宣称空气是一种喜欢往上升的"元素"。

　　人们倒是在问移动的空气能带给他们什么好处：里头有什么可为我所用吗？最早在古代人心中点亮的科技灵光之一，就是运

---

　　①　那是一次可怕的空难。经验丰富的机长想让乘客们看看日本圣山的美景，而他没有接获当天乱流非常严重的警告。飞机解体坠毁，113名乘客及11名机组人员全数罹难，包括75名明尼苏达州明尼亚波利斯市的冷王公司（Thermo King）员工及其家属。这场意外让63名儿童成为孤儿。这——以及在我驾驶飞机的2000小时期间所经历的几次可怕经验——让我对于风速高于每小时48千米的山区飞行格外谨慎。在华盛顿山的上空及周边，风速往往是它的3倍。

用空气作为免费动力来源的这个想法。

打从有历史记载以来，空气能源就得到了充分的利用，即便稀少的全球人口一直到基督时代都还没达到2亿。尼罗河沿岸的风力推动船只可以远溯至公元前5000年，到了圣经时代，帆船已是常见的景象。

经过了漫长得惊人的时间——最早的船帆扬起后又过了整整5000年——流动空气才被应用在机械上。中国人夺得头筹，大约是在公元前200年左右，他们竖起了风车，并给这些风车装配齿轮，汲水用于灌溉。不久后，这个点子传播到中东，那里的住民建造了风车，这些风车装有以芦苇编织而成的帆，并以齿轮带动垂直转动的杆子以碾磨谷物。

波斯人接下来运用风力，在公元250年之前将其引进到仍在罗马帝国统治下的欧洲地区。又过了科技进展慢到令人心痛的几个世纪，风车升级到2.1版本，其特色为材料更好，比如使用了金属齿轮，以及更大、更有效率的风车叶片。这些风车出现在7世纪的阿富汗和13世纪的荷兰。这些更大型的构造物气势磅礴地排光沼泽的水、滋养农田，最后甚至汲水供应19世纪美国拓荒者一路向西。

尽管如此，似乎没有人急着想要弄清楚到底空气是什么，或者空气向上延伸到哪里，或者为什么空气就得要随时都在缓慢移动才行。没有人猜到空气是不同气体的混合，每一种气体各有不同的性质。没有人对下面的怪异事实感到困惑：风的行为变化无常，不同于让人习以为常的潮汐、季节雨以及作物和昆虫可预测的周期性，诸如此类。有时连一丝微风也没有，却可以在一小时后狂风怒吼。强风往往伴随雷雨，然而万里无云的天空也可以吹来同样凶猛的风。日常环境的其他方面没有一个表现出如此狂野不羁的随兴所至。

即使到了20世纪初，还是没有人对气团的明确定义有所认识。一直到第一次世界大战后，人们才打造出一个犀利的词，用以描述此一崭新观念：两个气团交锋导致交界沿线出现狂风暴雨的天气。

真正有意思的发现是从18世纪开始，接着在19世纪加速。但有些出色的思想家在更早之前就做出值得赞许的贡献。

亚里士多德在公元前350年造出meteorology（气象学）一词，希腊文的意思是"高高在天上"的科学。但对于大气及其丰富、广袤且多变的古怪举动的研究，或许在此前500年的印度就热切展开了——在编纂古代神圣经典奥义书（Upanishad，古代印度教对于教义的哲学思辨作品总称）的时候。这些作品详细讨论云的形成和雨的产生方式，甚至把此种现象归因于地球绕日运动所导致的季节循环。①公元500年左右，古印度数学家、天文学家瓦拉哈米希拉（Varāhamihira，505—587）撰写了经典的梵文著作《Brihat Samhita》，阐述复杂的大气过程，如水的循环、云的构成和日光加热导致的温度变化。

又过了500年，西方世界沉睡未醒。那是黑暗时代，在希腊黄金时代及古代的印度和中国曾如此令人憧憬的前进脚步，直到16世纪才停滞。或者说，他们是这样教我们的。大家都忘了有美

---

① 此处仍是日心说，时间是哥白尼和伽利略的几个世纪前。

好的四个世纪，在当时的波斯和中东，知识得到赏识，那是阿拉伯科学的黄金年代。一边处于黑暗中，另一边却沐浴在阳光下。

这个时期有一位我心目中的英雄。公元965年生于今日伊拉克的巴斯拉（Basra），他是海什木之子、哈山之子、阿里之父哈山（Abu Ali al-Hasan ibn al-Hasan ibn al-Haytham），阿拉伯世界熟知的称呼是海什木之子。我们就别虐待自己了，用他的拉丁化名字来称呼他吧——阿尔哈金（Alhazen）。

他对希腊的认识广博，笔下对亚里士多德颇为赞许，对托勒密则不以为然。他采取了一种开创性的作法，不是空谈理论或玄思冥想，而是进行缜密的实验。

1021年，阿尔哈金成了精确描述空气如何使光弯曲或折射的第一人。他经由严谨的观测，证明大气层如何造出曙光，还说第一道曙光开始于太阳在地平线下19度时。今天的现代数据是18度。

而更令人印象深刻的是——这也是我为什么要为他喝采的原因——他是最先运用科学方法获致真理的人士之一（而且很可能还是第一人）。阿尔哈金运用复杂、精确的几何计算，定出地球的大气层高度为——麻烦请击鼓——52,000跨（passuum）。

没令你们印象深刻吗？那是因为你们最近大概没用过拉丁制的长度单位。这个单位等于1.5米。数学计算一下，你就会得出阿尔哈金关于我们大气层高度的数值为79千米。

回顾当时，没有人——绝对没有人——对空气向上延伸多远有一丁点的线索，甚至不知道空气向上有没有尽头。因为当时不管是谁都认为，空气有可能延伸6.4千米，也有可能是640万千米。阿尔哈金说是79千米。现在大多数权威机构都将此数定为84千米，那是中气层（mesosphere）[1]的顶部。然而在西方，有谁曾经听说过阿尔哈金呢？[2]

　　如果阿尔哈金在西方有什么名气，那是因为他发明了针孔照相机，而我诚挚希望每个人都有机会体验一下，因为它真是令人惊叹又有趣。偶尔，当一丁点光线穿过遮光屏上的孔洞射入黑暗的室内，你就可以亲眼看见类似的效果。赏心悦目、鲜活生动如电影般，这个世界的种种细节被投射到墙上、天花板上，很能吸引目光。阿尔哈金的沙漠同胞一定很着迷。阿尔哈金也发现了折射定律，而且能够把光分离成其原色。他研究日月食和光学，并且正确理清其背后的数学问题。

　　他有时间做这么多研究和实验，大概是因为他很乐于和研究他的人分享一个故事。这个奇怪的故事要从他还住在巴斯拉的时候说起，而且会提到尼罗河著名的年度泛滥。有一回他过度自信地写道，借助水库和堤坝系统，轻而易举就能控制这条河流毁灭性的秋季泛滥，而且这套系统或许可以用来储水以供漫长的干季使用。对他来说，想象这样的技术并不难，但天真地发表这些冥

---

　　①　中气层为离地50～85千米的大气层，陨石开始燃烧之处。——译者注

　　②　真的没有什么神奇数字可以标定我们的大气层在何处结束，因为空气并不是在某一点乍然而止。不过，比地表上空84千米还高的地方，所存在的原子少到阳光不再有可堪测量的折射。在那个点上，我们看不到可堪侦测的光，不过还是会出现一些令人好奇的大气现象，像是流星燃烧（96.5～128千米之间），还有极光（96.5～193千米之间）。甚至在37千米以上，空气就太过稀薄而无法支撑任何一种专用飞行器机翼。还有一点要考虑的是，79千米高空不再是暗钻蓝色，而是黑色。

想结果，却在无意中为个人生活的改变埋下了伏笔，这些改变如果参照现代的何慕思与雷伊压力评量表（Holmes and Rahe stress scale），都是名列前茅的压力项目。

当阿尔哈金抵达开罗，那位众人口中没耐性、讨人厌的哈里发听人说过阿尔哈金的主张，便召他前来并说道："好吧，把它做出来。"阿尔哈金被带去参观各个泛滥的平原。我真希望能看到他的反应，一定是脸色惨白的样子。亲身考察泛滥区之后，务实的阿尔哈金马上就知道自己的计划不可能奏效，怎么样都不可能。

但他并未冒着被嗜杀成性的哈里发斩首示众的危险承认自己的错误，而是下了一步险棋。他用的是后来被逃避越战的充员兵发挥到淋漓尽致的技巧：装疯。照他的盘算，哈里发只会把他扔到街上就算了。

他错了。统治者反倒下令将他锁起来，终生软禁，再也不准他享有自由或与公众接触。

这个好坏参半的故事的结局，是阿尔哈金从1011年开始，有整整十年无事可做，只能埋头撰写无数出色的论文，包括那本以光学为主题、在七个世纪后与牛顿那本书平起平坐的知名著作。[①]哈里发死于1021年，他终于被释放，那一刻他总算摆脱大概已经擅长的装疯举动。

---

① 指1687年发表拉丁文版、1729年译成英文版的牛顿著作《自然哲学的数学原理》。——译者注

下一次揭露空气的秘密要到500多年后才开始，而且牵涉到或应分开考虑的各个不同的方面。比如，考虑空气的压力或重量。众所周知，地球表面每平方英寸（6.5平方厘米）承受着重达近6.8千克的空气柱压力。在现代，我们在快速移动的电梯中或飞机下降时就体验到这一点：我们的耳朵会胀。

我们已经习惯了。但亚里士多德，在某个心情欠佳的日子，坚称空气根本没有施加任何重量在我们身上。一向不遗余力去破旧的伽利略，顺服地接受了亚里士多德不正确的判决，一点异议也没有。

这是意大利物理学家暨数学家托里拆利（Evangelista Torricelli，1608—1647）在1608年诞生于教皇国领内的法恩扎（Faenza）当时的思想氛围。他是另一个未获歌颂的英雄，尽管时至今日几乎无人知晓，但他就是想出风为何会吹动的那个人。

托里拆利4岁丧父，由叔父抚养、教育，在耶稣会学院研读数学。24岁时，他读了伽利略的《关于两大世界体系的对话》（*Dialogue Concerning the Two Chief World Systems*），并写信给这位伟人，表明自己也相信哥白尼的日心模型。这是讨易怒之人欢心的一种快捷方式。

虽然托里拆利还不知道，但在行文中提出这个意见是有危险的，因为第二年，1633年，伽利略就受到梵蒂冈谴责，而且差点因为这个信念被烧死在火刑柱上。耶稣会也不可能接纳这样的异端还能全身而退，托里拆利此后便保持沉默。

不久后，沦为囚犯的大胡子伽利略邀请托里拆利来访，托里拆利也接受了，不过他明智审慎地等了五年才现身伽利略家门前。大约就在这时候，他对空气的理解开始有了科学上的突破，并就另一位意大利数学家暨天文学家贝尔蒂（Gasparo Berti，1600—1643）引出的一项非常令人困惑的课题，与伽利略进行一番脑力激荡，但无定论。

1639年至1641年间，贝尔蒂用超过三层楼高、注满水的垂直玻璃长管进行实验。先用软木塞把玻璃管的两端堵住，再把底端放进水池中，然后拔掉底端的塞子。接下来发生的事令人莫名其妙地搔起头来。

有些水漏进水池里，但大部分的水留在管内。在高度10.7米处——三层楼半——水面略略稳定下来，在圆柱顶部留下一段空无一物的空间。问题在于，为什么水总是维持在那个高度上？

密闭的长水柱总是在10.7米高的时候停止排出，始终没有显著的出入。伽利略相信顶部的真空有足够的吸力把那些水的全部重量往上撑，就像注满牛奶的吸管——只要你一直用手指盖住一端，牛奶便会维持满管。

但托里拆利在1644年偶然想到一种不同的解释。如果不是真空吸住和支撑着水往上，而是我们的大气重量下压池面、支撑管内的水呢？换言之，或许这套装置就像一具天秤。也许这具天秤在秤池面上的空气重量，而这些空气向下的压力正好足以维持10.7米高的水柱。他也注意到另一个怪异之处：水位每天都在改变，上、下各约0.3米。

贝尔蒂和托里拆利不断订购这些特别订制、易碎到令人沮丧的四楼高的玻璃圆柱，还叫木匠在他们的住所打造专用开口，好让这些玻璃圆柱向上伸出，其他人则趣味盎然地关注他们的实验进展：这该死的现象的真正意义到底是什么？如果早个一世纪，那些悬在上头的水柱就只是自然界的怪事一桩，数千怪事中的一桩，顶多只换来人们耸耸肩膀。但在17世纪的意大利北部，自然界的小瑕疵变得令人着迷。这些瑕疵像某种虚无缥缈的黄金国一样招着手，应许着揭开背后的深奥秘密。

那些管子——那些怪里怪气、庞大笨拙的玻璃管子，令托里拆利的街坊邻居流传着"巫术魔法"的耳语。他已经和他的盟友伽利略略躲过一颗子弹，但有可能还会再次惹上麻烦。托里拆利急着要中止所有盯着他那怪异的穿顶吸管看的目光，加上他也实验过在管子内注入比较重的液体，包括蜂蜜，因此灵机一动，想到一种真正便携设备，可以藏起来不被窥视的目光看见。因为液态汞——当时称之为水银（quicksilver）——比水重4倍，装着这种液态金属的管子可以很短，而且还可以用于进行他的实验。于是，托里拆利给一根管子注入液态汞，只有大约1米高，然后放进一个也注入液态汞的盆子，就这样创造出第一支气压计。

气压计的液位天天有变化，相差可达2.5厘米之多，而且托里拆利做了正确的推测：推挤盆内汞池的空气重量必有约3%的变动。液位变化的方式也令人好奇：汞在凉爽、晴朗的日子往往位居最高点，天气刮风下雨时则在最低点。

后来法国数学家暨物理学家帕斯卡（Blaise Pascal，1623—1662）在1646年听说了托里拆利的仪器，以及到底是什么让那些水柱、汞柱如此古怪挺立所引发的骚动。是管内真空在拉引，还是管外大气在推挤盆内或池内的液体？帕斯卡灵光一闪，想到一种一劳永逸的解决方法。

如果空气有重量，那么当一个人爬上山，空气的重量就会少一些。按逻辑来说，气压计的水银柱在高处会显得比较低。真的吗？帕斯卡请他住在山区的表兄去进行这项决定性的实验。1648年9月，汞柱高度在多姆山（Puy de Dôme）山脚下做了记录，然后在攻顶过程定时加以记录。答对了：爬得越高，气压计读数越低。而且还不只低一点点，没什么隐晦难明的。每上升约300米，汞柱就直落整整2.5厘米。在1463米的山顶上，测得汞柱为62厘米高，而不是山脚所见的74厘米。

结案。帕斯卡不只证明了大气的重量，还发明了实用的高度计，可用来查出自己的海拔高度。今天，采干式膜片而非汞的新机型让飞机座舱更加美观。

1644年，托里拆利写下这段著名的文字："我们浸浴在必不可缺的空气之海的底部而存活，而这空气，根据无可争辩的实验，已知为具有重量。"没过多久，他也就空气运动成因发出全世界第一则科学性描述："风的形成是地球上两地区之间的空气温差乃至密度差所造成。"

托里拆利接着又设计并打造显微镜和望远镜，但他活不到举世闻名的那一天。就在帕斯卡证明他的观点正确的三年后，托里拆利在佛罗伦萨感染伤寒，死于39岁那年。

但他的发明风靡一时。我们已经说过，人类对感知模式很敏感，而气压计每天的升降与天气晴雨之间的趋向有着饶富趣味的关联。这可是一部预报机呢！

人人都想要一部那样的预报机。到了1670年，许多钟表匠开始为有钱的客户制造气压计。一个世纪之后，大部分的上流阶级家庭都把华丽的木质气压计摆在显眼处展示，上头装饰着富丽堂皇的镶嵌设计。1670年至1900年间，西方世界有超过3500家注册登记的气压计制造商。

1860年前后，大不列颠海军上将费兹罗伊（Robert FitzRoy，1805—1865），也就是达尔文踏上他那趟著名旅程所搭乘的"小猎犬号"的前任舰长，开始发表与气压变化相关的预报技巧，并解释复杂难懂的新发现。例如，他发现不寻常的强烈高气压和低气压，加上压力快速变化，随之而来的往往是狂风大作，因为空气抓狂地想从高压区到低压区去。从那时起，所有水手不管要航行多远的距离，不先"咨询"气压计就不能安心。气压的变动就是这么重要。[1]

今天我们都听说过很多令人着迷的气压事件。当你前往高于海平面的新位置，每爬升300米，温度就下降大约2.8摄氏度。这很可观。这意味着海平面以上1500米的丹佛，比纬度相当的海平面城市整整冷了约13.9摄氏度。

---

[1] 历来记录到最低海平面气压是某个台风眼的62厘米汞柱，也就是870毫巴，最高则为81厘米汞柱（1084毫巴），那是西伯利亚某个异常寒冷的日子，保证可以让你耳朵嗡嗡叫。冷空气密度比暖空气高，而干燥空气密度比潮湿空气高。因此，干冷空气的分子挤得最紧密。总的来说，这代表海平面气压变化最高可达令人印象深刻的20%。要经历这么大的气压变化，通常需要垂直上升或下降1.6千米，如果你从芬兰区（Fenland District）旅行到本尼维斯山（Ben Nevis），就可以办到了。（芬兰区位于英格兰东部沼泽地，本尼维斯山为苏格兰西部的不列颠群岛最高峰。）

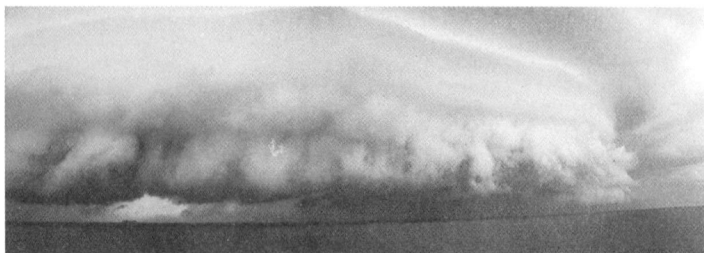

★令邮轮相形见绌的是雷雨滩云。其下的风速常会达到每小时80千米

　　由于下层空气受上面全部的总重量压缩，整整一半的大气层都位于18,000英尺（约5486米）以下。因此，当位于这个高度时，气压计的数值会降到海平面读数的一半。

　　想知道那上面是什么样的感觉吗？是你可以更贴近的感觉。你能轻松攀上的最高点，而且双脚依然踩在地球上，不在欧洲或美国，而是在南美洲。我在1988年去过那儿。你先飞到梅里达（Mérida）这座委内瑞拉城市，四周为该国极西地区的安第斯山所环抱，那里已经有1.6千米高。然后搭乘让你惊叹到喘不过气来的缆车，悬在空无一物、高不可测的半空。缆车垂直爬升惊人的3000米——相当于九座帝国大厦叠起来。你不停往上，随风摇摆，直到抵达4764米的高度。此时，你人在埃斯佩霍峰（Pico Espejo）山顶，不远处就是著名的玻利瓦尔峰（Pico Bolívar）峰巅、委内瑞拉最高点，只比这里高213米。

　　上飞行课时，他们告诉受训飞行员，有些人仅仅1500米就感受到高度效应——毕竟小飞机很少有增压设备。因为生活在高海拔地区或在那里待上一星期的人，其血液中的红血球比住在海平面地区的人多得多——除非你的条件像绿巨人浩克那么好，而且将他原有的血液组成大幅升级——你一到埃斯佩霍峰，马上就会头晕目眩，说不定会异常愉快，多走几步便筋疲力竭。你可以在那儿做些高海拔实验，如果你能记住刚刚那一瞬间你正在做什么的话。然而，安第斯山这个高高在上、优美如画的歇脚处，仍然比半个大气层的门槛低了600米。

为数不多的喜马拉雅山登山客已经越过这门槛，甚至不戴氧气筒体验过圣母峰的8848米[1]。当然，他们根本是太空异形。

别提爬山了。如果我们坚持尽可能直接开车上山的懒人想法，印度西北部、喜马拉雅山北方的列城（Leh）周边有几个地方，那儿坑坑洼洼的泥土路经过几处5100米高的垭口。还是没有刚好在那神奇的18,000英尺、外层空间中途站的里程碑上。如果是这样，据说有一个汽车可通行的垭口，叫作苏格垭口（Suge La），在西藏拉萨的西方，高5430米，还有色摩垭口（Semo La），高5565米，在西藏中部的拉卡与措勤之间。如果你去过这些地方，麻烦跟我联络一下。

当你攀升到新高处，一般来说风速会增加，而水的沸点每300米左右会掉约0.8摄氏度。这就说得通了。雪巴人只是耸耸肩，送上一杯微温的茶，因为水还没煮到很热就先沸腾了。

利用真正的高空气球，尤其是安装在火箭上的仪器，我们会有更加不可思议的发现。20世纪50年代，科学家发现一条可怕的线，叫作阿姆斯特朗线〔Armstrong's line，与登月第一人

---

① 圣母峰即为珠穆朗玛峰，其海拔为8844.43米。

尼尔·阿姆斯特朗（Neil Armstrong）无关。此一命名是要纪念哈利·阿姆斯特朗（Harry George Armstrong），他在1946年至1949年间指挥德州圣安东尼奥附近的兰多夫菲尔德市美国空军航空医学院（United States Air Force's School of Aviation Medicine at Randolph Field）〕。这条线标定在18,900~19,350米之间，也就是19.3千米高，这是水会在体温值沸腾的海拔高度。在那个高度，暴露在外的体液——像是你眼睛里的体液、你的唾液，以及在封闭加压的静脉和动脉之外的任何血液——直接沸腾蒸发掉了。这对你来说可不是件好事。

至于高空的空气运动，我自己开飞机每次做飞行前检查都会用到一个很棒的飞航资源，美国国家气象局的航空数据数据服务网（http://aviationweather.gov/adds/winds），检查各个不同高度的风势增强状况。行文至此的当下，俄亥俄州地表平静无风，但900米高处的风以每小时32千米的速度吹拂，1800米高的风以每小时56千米的速度呼啸而过，7200米高的风以每小时185千米的速度发出尖鸣声，而11,000米高处的风则像龙卷风般刮出每小时290千米的速度。

这叫喷射气流。那是一种奇特的狭窄圆柱状超快西风，其他行星上也有这种风。1883年，科学家在著名的印度尼西亚喀拉喀托火山（Krakatoa）爆发后观看天空时发现了它，他们看到高空火山灰以极高速向东而去，便称此现象为赤道烟流（equatorial smoke stream）。然后在20世纪20年代，日本气象学家大石和三郎多次侦测到同一高度的风从富士山向东而去，于是放出气球加以追踪。但经过第二次世界大战的飞行员确认，的确，如果你的飞机跑进喷射气流里，每小时的速度就能增加多达320千米。这有助于解释为何横贯美国东西岸飞行时，向东飞省了一小时，喷射机进行这趟旅程所用燃料少了20%。但那个方向的航班并没有提供折扣优惠，真是怪了。

　　我终于抵达新罕布什尔州北部的总统山脉（Presidential Range），密西西比河以东人口最稀少的地区之一。我转身进了公园入口，买了门票。我到那儿后，听人说车子最好车况良好，才能爬上华盛顿山，而且刹车最好是好到能应付一路不停的下坡，有些型号的车根本不准上路：例如，你必须有一挡可用。我有一挡，所以我踩下油门，我的Solara敞篷车一边对倾斜的路面嗡嗡地抱怨着，一边开上建于1861年的道路。

　　我没有在合适的时候登山，没机会目睹人们被吹得双脚朝天。8月，我人在那儿的时候，山顶平均风速是每小时38.6千米，只有1月的一半左右，那时候的状况会令人抓狂。华盛顿山历年的1月份当中，有五次遇上了速度为每小时超过274千米的阵风——和等级最强的飓风一样。但夏天从没发生过这种事。这是个极端之地，但我的戏剧性故事在哪里？

　　我安排了采访华盛顿山的科学家，他们要在山顶天文台一口气住上八天。我在寻找特定的信息，探听把人吹下山的精确风速值，那种生动刺激、能带出戏剧性影像的统计数据。但克拉克博士（Dr. Brian Clark）有优秀气象学家的谨小慎微，不肯给我资料。

　　"没有什么一定能把人打倒的风速门槛，要看个人的身高和体格而定。"他这么解释。

"那,什么样的风速会把你吹翻?"我这么问。

"看情形。相对于你还能弓着身子前进的稳定风势,要在非常爆发性的阵风中维持站姿,那就困难得多了。"

"有多爆发?"

"看情形。"

我一点进展也没有,决定换一招试试看。

"听着,你们自己的媒体公关露蒂欧(Cara Rudio)已经告诉我,当阵风达到八十几快九十或九十出头的速度,大多数的人都会被吹得双脚朝天。你同意她的说法吗?"

"她这么说?"

"没错。"

这让克拉克顿了一下。接着他坚称,经验丰富的专业人士每隔一小时要冒险出去把仪器上的冰清掉并记录读数,就算风速每小时超过160千米,他们通常还是站得稳稳的。他解释,毕竟所有工作人员都受过"滑步"训练。

"这个嘛,"他终于勉强承认,说,"风速每小时240千米时,我猜不可能有人还站得住吧。"

这个地方为什么这么多风?似乎华盛顿山就坐落在完美风暴的地点,汇聚了三条主要的风暴路线,加上它高耸于周遭地景中,更助长了风势,再加上漏斗效应(funnel effect),就像化油器里的文氏管。以人类(相对于非人的仪器)所观测全世界历来最高速的阵风而言,华盛顿山依然保持纪录:风速为每小时372千米,记录于1934年4月。

★风力达飓风等级的阵风把新罕布什尔州华盛顿山顶观测站的科学家吹得双脚朝天，那儿是北半球最多风的地方。（Mount Washington Observatory）

*　*　*

托里拆利证明空气因压力差与温差而移动之后，"空气到底是什么"这个小问题依然存在。这需要再多努力一整个世纪。就在美国革命爆发前，这项知识经由一连串的发现达标了。

结果证明，空气是大约78％的氮气和21％的氧气简单混合而成。其他的全都是锦上添花——合起来不到1％。而且在剩下的这1％当中，氩气——所有灯泡里都有的惰性气体——占了0.93％。氮、氧，好吧，氩也算一份好了，也是空气中的三大气体。现在你已经鉴定出99.93％的大气（这是指大气干燥的时候。水蒸气的情况随地点不同而有很大的变化，因而在此类讨论中通常略去不计）。

氩气之后，等而下之的零碎材料，像是二氧化碳，仅仅只有1％的二十五分之一，除了温室效应的恶名之外，根本很少出现。不过，它是在其他气体之前就先被发现的。

那是因为各种化学反应都很容易排放出二氧化碳，像是你撒了一点烘焙用的苏打到醋里所发生的那种反应。二氧化碳很容易产生，因此很容易被发现。空气的两大成分有点难以捉摸，但几乎是同时解析出来。氮在1772年被鉴定出来，氧是在1774年。两者的区别一看就知道：一种是生命和燃烧作用的基础，另一种则否。

这个非氧的大角色很快便博得可怕的名声。氮气发现者、苏格兰化学家暨植物学家拉瑟福德（Daniel Rutherford，1749—1819）称其为毒性空气。其他化学家提到氮气时，叫它作燃烧过的空气。"现代化学之父"法国人拉瓦节（Antoine Lavoisier，1743—1794）称氮气为azote，从希腊文azotos而来，意思是"无生命的"。老鼠放在氮气里很快就死了。但把地球大气的主要成分正式命名为"无生命"，可能会有点毛骨悚然。氮气被发现整整十八年后，这个名称才被提出来。

至于氧气，这是维持生命的珍贵元素，当时人人都想加以解析出来。因为——不同于"内向"的氮气——氧气迫切地和大多数元素结合，构成我们身体三分之二的重量。氧本身就占了月球质量的一半，当狼群响应着弯弯新月，基本上，这是一幅氧对着氧在嚎叫的画面。

第9章

狂暴边缘

风会不会还记得

往日吹拂过的名字

——吉米·亨德里克斯（Jimi Hendrix），

《风在呼唤玛莉》（*The Wind Cries Mary*），1967

●　　●　　●　　●　　●

就在多半由氧组成的英国自然哲学家普里斯特利（Joseph Priestley，1733—1804）发现氧气的同一年，蒲福（Francis Beaufort，1774—1857）生于爱尔兰。至此，我们终于迈入现代空气运动研究，而蒲福的名字与之相连达数个世纪，这都是因为著名的蒲福风级表（Beaufort scale）。

因为，终于知道风何以会吹动及风为何物，这是一回事；看着房屋如《绿野仙踪》电影里那般被带走，又完全是另一回事。到底是为什么，流动的空气会从每小时96.5千米的速度——不过是吹折树枝的大风，加速到每小时320千米，形成狂怒之风，一次就可以夺走数十条人命？

古典时代与文艺复兴时代的科学家醉心于空气研究并获得胜果，但新品种科学家的崛起要一直等到19世纪，这些新品种科学家的魅力与狂暴有很大的关系。

1971年之初，世界上没有任何系统可以测量甚至谈论最凶猛的风。我们等一下会探讨的蒲福风级表已经用了166年，但最高等级只到"飓风"（hurricane）。一旦你家屋顶被吹走了，你只能靠你自己，把你想用来为风力定义做进一步补充的所有脏话大声喊出来。

实际上，两个飓风之间的相似度，并不比两个地震之间的相似度高：光凭那一个字眼，就能代表从无感颤动到真的把动物抛上半空，突如其来害死50万人的一切种种。有些飓风让勇猛无惧的播报员在人行道上安全地发送电视画面，有的则把同一位气象播报员吹得无影无踪。

所以，美国国家飓风中心主任辛普森（Robert Simpson，1912—2014）与专精设计高抗风力建筑的土木工程师萨菲尔（Herbert Saffir，1917—2007）合作，发明了萨菲尔-辛普森风级表，按飓风风力加以分级。1971年，当时流行极简风，他们的分类很简单，只有1到5。①

由于龙卷风是不一样的东西，原本在日本担任教授的藤田

---

① 下面是依照萨菲尔——辛普森飓风分级表，你在每一级所体验到的状况摘要描述。这些描述是从萨菲尔——辛普森小组（Timothy Schott，Chris Landsea，Gene Hafele，Jeffrey Lorens，Arthur Taylor，Harvey Thurm，Bill Ward，Mark Willis，Walt Zaleski）所制作的描述中节录出来，并得到美国国家海洋暨大气总署（National Oceanic and Atmospheric Administration）慨允使用。（下接137页）

哲也（Tetsuya Theodore "Ted" Fujita，1920—1998），在1953年来到芝加哥大学，专为龙卷风发想出一套风级表——也是在1971年。原本的藤田风级表有13级，从F0至F12，其中最高级别纯粹是理论上的——以声速狂飙的想象之风。

但他创造出来的类别太多了。藤田自己也明白，因而把分类减少成为六种。近年来，经过进一步调整，这套风级表被重新命名为"改良型藤田级数"（Enhanced Fujita Scale），预期损害也被纳入评估项目。于是，最弱的龙卷风为EF0和EF1，最强的是EF5。

更加重要的是，1998年过世、享年78岁的藤田还发现了从雷

（上接136页）第一级飓风（持续风速每小时119~153千米）

非常危险的风，会产生某种损害。这意味着老旧的活动式房屋可能被损毁，某些建筑结构不良的房屋可能遭受严重损害，比如屋面和雨遮被吹走，砖石造烟囱可能会倾倒。连结构制作最精良的房屋也可能在屋瓦、乙烯外墙板和檐槽处有所损害。高层建筑的窗户可能会被飞来的碎片打破。商店招牌、围篱和遮阳棚偶有损害。大树枝会折断，浅根树木可能会倒。电线和电线杆大规模损害可能会导致断电，并可能持续数日。多利飓风（Hurricane Dolly，2008）就是带来第一级风的飓风，对德州南帕德瑞岛（South Padre Island）带来损害。

第二级飓风（持续风速每小时154~177千米）

极端危险的风，会导致大规模损害。人、畜和宠物因飞来与落下的碎片而伤亡的风险很大。老旧的活动式房屋损毁的可能性非常高，因而产生的碎片会飞去砸坏附近的活动式房屋。较新的活动式房屋也可能损毁。建筑结构不良的房屋屋顶被吹走的可能性高。无防护的窗户被飞来的碎片打破的概率高。建筑结构完善的住家可能遭受屋顶和外墙板严重损害。铝制游泳池遮盖常常会失去效用。公寓建筑和工业建筑屋顶与外墙板损坏的比率相当大。未经重新强化的砖石墙可能会倒塌。高层建筑的窗户可能会被飞来的碎片打破。商店招牌、围篱和遮阳棚会受损害且往往会损毁。许多浅根树木会折断或被连根拔起，阻断许多道路。预期会几近全面停电，停电可能持续数日至数星期。弗朗西斯飓风（Hurricane Frances，2004）就是带来第二级风的飓风，对佛罗里达州圣露西港（Port Saint Lucie）海岸地区带来损害。（下接138页）

雨云底部毁灭性急速下冲的微爆气流和下爆气流。实际上，这些现象或许比龙卷风更引起人们的兴趣，其原因纯粹是我们偶尔会亲身遭遇。

　　雷雨云是造风机器。空气运动在这里，因为变得晦暗而被看清。我们一点都不难理解这些雷雨云，你不需要成为伽利略就能弄懂发生了什么事。先从炎热的夏日开始，太阳把地面晒热，而受热的地面使得紧贴其上的空气变温暖。暖空气上升，气体泡泡

（上接137页）第三级飓风（持续风速每小时178~208千米）

　　会发生毁灭性损害。人、畜和宠物因飞来与落下碎片导致伤亡的风险高。1994年之前的活动式房屋几乎全部会损毁。较新的活动式房屋大多会遭受严重损害，有屋顶全毁与墙壁倒塌的潜在可能。建筑结构不良的房屋可能因屋顶和外墙被吹走而损毁。无防护的窗户会被飞来的碎片打破。结构建造良好的房屋可能会遭受重大损害，包括屋顶露台和山墙被吹走。公寓建筑和工业建筑的屋面与外墙板损坏的比率高。木构造和钢构造可能会出现零星的结构损坏。较老旧的金属建筑有全毁的可能，未经重新强化的老旧砖石建筑可能倒塌。高层建筑的许多窗户会被吹走，导致玻璃掉落，这些玻璃会在暴风过后构成威胁达数日至数星期之久。大部分的商店招牌、围篱和遮阳棚会损毁。许多树木会折断或被连根拔起，阻断许多道路。暴风通过后会有数日至数星期没有水、电可用。伊凡飓风（Hurricane Ivan，2004）就是带来第三级风的飓风，对亚拉巴马州湾岸市（Gulf Shores）海岸地区造成损害。

　　第四级飓风（持续风速每小时209~251千米）

　　会发生灾难性损害。人、畜和宠物因飞来与落下碎片导致伤亡的风险非常高。1994年之前的活动式房屋几乎全部会损毁。较新的活动式房屋损毁的比率也高。建造不良的住家可能遭受所有墙壁全倒及屋顶结构被吹走。建造良好的房屋也可能遭受严重损害，屋顶结构及／或部分外墙被吹走。屋面、门窗会出现大规模损害。大量随风而飞的碎片会被抛向空中。随风而飞的碎片会打破大部分无防护的窗户并击穿部分有防护的窗户。公寓建筑的顶楼结构损坏比率高。老旧的工业建筑钢架构会倒塌。未经重新强化的老旧砖石建筑倒塌的比率高。高层建筑的窗户大部分会被吹走，导致玻璃掉落。商店招牌、围篱和遮阳棚几乎全部会损毁。大部分树木会折断或连根拔起，电线杆会倒下。倒下的树木和电线杆会使住宅区遭到隔绝。停电会持续数星期或数月。查理飓风（Hurricane Charley，2004）就是带来第四级风的飓风，对佛罗里达州潘塔哥达（Punta Gorda）海岸地区造成损害，该州其他地区则经历了第三级风状态。（下接139页）

就像热气球一样往上跑。这叫作对流。对流用肉眼看不见，不过飞机通过这种上升空气时，会很清楚感受到乱流造成的颠簸。

我们先前提过，温度通常随高度上升而快速下降。所以，地表加热的上升气团比较温暖，也比周遭冷空气轻，因而持续上升直至冷却到与周边取得平衡。但如果那天潮湿，上升空气团一直比周遭空气"轻"很多，所以一直往上，有时会达到接近平流层的高度。最后冷却到露点（dew point），就无法再保有其水气，这些水气一下子凝结成难以计数的数十亿颗小小水滴，云就此诞生。①

来自下方的热空气持续上升推进这块云，把云的某些区块推得更高，形成一种具有威胁感的花椰菜形状，顶端可达13,500

（上接138页）第五级飓风（持续风速超过每小时252千米）

会发生灾难性损害。人、畜和宠物因飞来与落下碎片导致伤亡的风险非常高，即使他们待在活动式房屋或构造房屋内。几乎所有活动式住家都会近乎全毁，不论新旧或建筑好坏。构造房屋损毁的比率高，屋顶全毁且墙壁倒塌。屋面、门窗会出现大规模损害。大量随风而飞的碎片会被抛向空中。几乎所有无防护的窗户和许多有防护的窗户会因随风而飞的碎片而受损害。木屋顶的商业建筑会因屋面被吹走而发生显著损害。许多老旧的金属建筑可能全倒。未经重新强化的砖石墙大部分会损坏，导致建筑倒塌。工业建筑与低层公寓建筑损毁的比率高。高层建筑的窗户几乎全部会被吹走，导致玻璃掉落，在暴风过后构成威胁达数日至数星期之久。商店招牌、围篱和遮阳棚几乎全部会损毁。几乎所有的树木都会被折断或连根拔起，电线杆会倒下。倒下的树木和电线杆会使住宅区遭到隔绝。停电会持续数星期甚至数月。长期缺水会令人更加不适。大部分地区会有数星期或数月不宜居住。安德鲁飓风（Hurricane Andrew，1992）就是带来第五级风的飓风，对佛罗里达州卡特勒里奇（Cutler Ridge）海岸地区造成损害，南部的迈阿密戴德郡（Dade County）其他地区则经历了第四级风状态。

①　关于云的诞生，最关键的事实为冷空气无法如暖空气一般留住那么多的水汽。两者差距令人印象深刻。38摄氏度时，空气所能留住的水分比0摄氏度的时候多10倍。所以，当暖空气上升并冷却时，来到某一高度，空气便冷却至它的保水极限。在达到饱和的那一刻，肉眼不可见的蒸气转变成说不清有几十亿颗的微小液滴：云。这就是为什么云通常有平坦的底部。当天的空气在那个高度和温度达到其露点。较干燥的空气必须升得更高，才能冷却到足以饱和，这说明了为什么冷凉日子的云比潮湿日子高得多。

米，高过任何客货班机所能到的地方。另一方面，云里的水滴互相摩擦而产生静电。在此同时，由于下面的地表不可能留下真空，周边的空气被拉进去。此刻，这座空气的露天剧场越来越有活力了。当雨形成、落下，冷却了云里头的空气，这团更加浓稠的冷空气便夹杂着雨水，急速下降。

接下来你会看到大得吓人的风。有些温暖的空气继续上升进入这团"成熟"的雷雨，而邻近的冷空气流则往下冲。即使是中型雷雨，下降气流的速度也会达到每小时35千米，和周遭倾盆大

★风通常随高度增加而增强。在麦金利山（Mount Mckinley）6000米的山顶（左后），风以常见的每小时72.5千米的速度呼啸而过，把雪吹了起来，在作者这架包机附近形成荚状驻波云。（Anjali Bermain）

雨的速度一致。如果你在小飞机里，会突然发现自己像一颗巨大的金属雨滴，被推向东方。你机头朝上、加足最大马力，冀望自己能爬升到这团雷雨之上。

接下来，宽度可达0.8千米的下降气流撞击地面，但与液态雨滴不同的是，下降气流朝四面八方快速扩散，把树弯成水平状态、把伞吹反。这种风暴包含了复杂的乱流，因为邻近的上升气流也会以同样的速度爬升。接着，你的飞机虽已成功穿过下降气流，却遇上邻近快速上升的空气。突然之间，你被吸向上方怒气腾腾的乌云。你把操控杆往前推，机头朝下。许多有案可循的记录显示，飞行员下降的速度抵不过狂升的气流，飞机仿佛被一头心怀恶毒的怪兽给拖进了滚滚翻腾的云里。

难怪所有航空器都避雷雨而远之。有一回，在康涅狄格州的哈特福（Hartford）附近，24千米外的某处在一个半小时前刚发生过一场暴风雨，当时在晴空下飞行的我经历了一场骇人的急降气流。都过了一个半小时，空气依然往下猛冲。①

这么激烈让人更来劲，但真正的"玩风"还是存在于日常生活中。当然，有点背景知识会更酷：温差引发空气运动。再来，地形——例如对准风向的狭窄山谷——可以让风集中而加快速度。还有，光是看着风让世界一时为之改头换面，就能带给我无尽乐趣。

---

① 气象预报这一行有一个公开的秘密：气象学家偏爱暴烈的天气。那时，他们在书上所读到的有关低气压和紧密排列等压线的一切才会鲜活起来。容格（Sebastian Junger）在他1997年的畅销书《完美风暴》（The Perfect Storm）中，给了大众一个有关这个秘密的提示：人们了解到，完美，对气象学家来说有某种含义，而对其他人则有相反的含义。

一切取决于速度。不亲近大自然的人大多会把日子粗略地想成"无风"、"有风"或"风很大"。蒲福所贡献的是一种方法，能据此将风的速度精确转译为风的作为。

蒲福在青少年时曾因海图不良而遭遇船难，结果发展成一辈子的执着，想借此有更良好的海图，对风更良好的理解，让海更安全。

他的航海事业始于一艘隶属东印度公司的商船，接着他投身皇家海军，并在拿破仑战争期间凭借自身努力，一路从准尉晋升到上尉，后来在26岁时成为中校。

他两次因公负了重伤，但从未因此畏枪惧海。他的稳定性为他赢得与日俱增的赞誉。他全心投入、专注细节且一丝不苟地记录海况，让所有人印象深刻。他是谨小慎微的英国指挥官典型代表，是吉尔伯特与萨利文（Gilbert and Sullivan）的《皮纳福号军舰》（*H. M. S. Pinafore*）剧中角色灵感来源："本人正是现代少将的模范。"

他在1810年成为皇家海军上校，把公余时间投注于测量海岸线与改良海图。他以富于知性、长于领导、无欺于科学与戮力于奉公而声誉日隆，为海军官员周知，最后连贵族阶层都知道他的名声。

他获邀加入皇家学会与皇家天文台、协助创立皇家地理学会，见过他那个时代所有伟大的科学家。他以高阶主管的身份协助整合英国地理学家、天文学家、海洋学家和制图家的研究工作，并安排科学探险任务的资金调度。蒲福调教出海军上将费兹罗伊，此人受命指挥皇家海军"小猎犬号"研究船，也就是该船著名的第二次航行。在他推荐之下，"一位受过良好教育的科学绅士"，名为查尔斯·达尔文，获邀与舰长同行。我们都知道，达尔文运用这趟航程的发现创立了演化论，并在他的著作《物种起源》（*On the Origin of Species*）中进行了陈述。

　　所以，蒲福不光是有在家自制风速计成癖的人。1805年，他利用自己对风的观测，加上别人的观测，尤其是日后因小说《鲁宾逊漂流记》（*Robinson Crusoe*）而出名的笛福（Daniel Defoe，1660—1731），创造出空气运动分级表，这套分级表此后被冠上他的名字。

　　（马克·吐温说过："每个人都是一颗月亮，有着从不给人看的黑暗面。"蒲福以谨小慎微的个性名闻遐迩，似乎不像会有任何没人见过的一面。但他在1857年过世后，私人信件曝光，有很多是以他自己设计的私人密码书写。这在那个时代是一套不错的密码，但三两下就被专家们解开，其中揭露出许多与个人问题有关的秘密，与同僚之间的冲突以及性方面的秘密。这个故事的教训或许是：如果你不想自己的秘密在死后公诸于世，就把你的文件撕成碎片吧。）

　　到了19世纪30年代后期，蒲福风级表被皇家海军各舰艇定为船舰航海日志记录的参照标准。到了19世纪50年代，其他船只也加以采用并与风速计读数对照，这样就能在陆地上运用。之后，1916年，当蒸汽动力淘汰了帆船，蒲福的风级描述被改成针对海洋的动静而非船帆的状态。进一步的增补改善了风级表用在陆地观测上的效力。

　　当然，蒲福风级表近年来的用途已经没那么普及。在现代，我们绝不会听到有谁说："你看，外头是蒲福风力6级的强风。"而在一些罕见的情况下，当蒲福最高风级以令人注目的方式，将你家周边地区笼罩在风的猛暴之下，浮现在你脑中的字眼应该是"飓风"，而不是"蒲福风力12级"。

话虽如此，我倒是曾在海上听人一字不差地提到这些字眼。2006年，我在一趟绕行南美长达一个月的航程中担任天文解说员，我们的船在接近智利最底端的火地岛时遇上了狂风。我们在著名的咆哮西风带（roaring forties，又叫作"咆哮40度"）里，这个名称是指南纬40～49度之间终年吹着强劲西风。虽然并未预报太平洋上有风暴，但风就是一直在增强，最后船长终于宣布："现在风力是蒲福12级。"

船疯狂地上下起伏。钢琴滑过整个图书室，撞进墙壁里砸得粉碎。盘子一个接一个摔破。待在自己的舱房里也没多好过：你会从床上滑下来，因为整间舱房成了一个摆荡幅度大到令人窘迫的翘翘板。我全都录下来了。我上甲板去，那儿空空荡荡，除了偶有几个船员走出来呆望着。有几个船员告诉我，他们在这之前从没在海上遇过飓风。海浪看起来就和蒲福的描述一模一样。浪头上达我的视平线，在海面上有七层楼高——这是21米高的浪。

但平常的风同样可以那么刺激，如果你够了解的话。下面是蒲福风级，连同比较有用的对应速度，以及——最重要的——你要如何加以判断。

蒲福风力0级的意思是没有风。正式的说法是"无风"（calm）。烟垂直上升，海面如镜。有雾的夜晚通常就会像那样。

　　蒲福风力1级的正式用语为"软风"（light air）。风速是每小时1～5千米。上升的烟会飘，风标仍然一动也不动。海面出现小涟漪，但这些涟漪没有波峰。

　　蒲福风力2级的正式用语为"轻风"（slight breeze），风速每小时6～11千米。现在你很容易就能感觉到有风吹过皮肤。树叶沙沙作响，但树枝不动。风标开始转动。海面上形成小水波，但波峰平滑，起伏不大。

　　蒲福风力3级是"微风"（gentle breeze），风速是每小时12～19千米。树叶和小嫩梢不断摇动。重量轻的旗帜会飘展。海面上出现大的水波，波峰破碎不相连，偶有白浪。

　　蒲福风力4级是"和风"（moderate breeze），风速是每小时20～28千米。灰尘和没绑紧的纸张被吹了起来，小树枝开始摇动，海面上出现许多带有白色浪头的小浪。

　　蒲福风力5级是"劲风"（fresh breeze），风速是每小时29～38千米。中型树枝晃动，带叶小树全株摇动。大部分的浪都有白色浪头，也有点浪花。

　　蒲福风力6级是"强风"（strong breeze）。风速是每小时约39～49千米的速度吹着。大树枝摇动，电话和头上的电线开始呼呼地叫。雨伞不容易被抓牢，空的塑料垃圾桶也会翻倒。大浪形成，处处可见白浪和浪花。

　　蒲福风力7级是"疾风"（moderate gale）。风速是每小时50～61千米的速度吹着。大树摇动，走路有点费力。海面推高，有些碎波的泡沫被顺风吹成条状。

　　蒲福风力8级是"大风"（gale）。这种风的速度是每小时

★蒲福风力11级——速度为每小时112千米左右的风，威力略小于飓风，但还是能轻易摧毁这座森林里半数的树木

62～74千米。嫩梢和小树枝被折断，离树而去，路面乱七八糟，人们行走困难。巨浪形成，带有飞沫。

蒲福风力9级是"烈风"（strong gale），是速度为每小时75～88千米的风。有些大树枝"啪"的一声从树上掉下来，大树狂摇。临时性的交通号志和路障被吹走。高达6米的浪使海面翻腾，浓密的泡沫也让能见度降低。

蒲福风力10级是"狂风"（storm）。风以每小时89～102千米的速度呼啸而过。细弱的树被吹倒或连根拔起，幼株弯折或变形。屋顶上脆弱或老旧的沥青瓦剥落下来。6~9米的大浪有倒悬浪峰。海面翻腾汹涌，因泡沫而呈现白色，能见度降低。

蒲福风力11级是"暴风"（violent storm），速度是每小时103~117千米。树木和作物广泛受损，许多树被吹倒。许多屋顶受损，许多没有保护好的物品被吹走并砸破玻璃。海上有11~16米、非常高的浪，处处有泡沫，能见度有限。

蒲福风力12级是"飓风"（hurricane）。风速超过每小时118千米。作物、植栽和树木广泛受损。有些窗户可能会破掉，拖车屋和脆弱的车棚、谷仓受损，大型碎片抛得到处都是。浪很大，高度超过15米。海面因泡沫和浪花而全白。能见度可以说是零，这是因为浪花被风刮散。

我列出整套蒲福风级表只为了一个理由：因为辨识现况且能加以标记，意味着你可以更专注地观察空气的运动，而更好的观察可以创造出更大的乐趣。照这种方式，如果你看见树枝摇动但大树干稳如泰山，而且你头顶的电线正在呼呼地叫，塑料垃圾桶刚被吹倒，你可以自信地说："嘿，亲爱的，外头吹的是强风呢，风速在每小时39~49千米之间。"然后换来你那根本就不在意的另一半的敷衍地点头。

无所谓。风的魔法令你和你那些热爱大自然的同好为之着迷，说不定还让你们想起阿尔哈金，他在1000年前就想出风的尽头在何处。还有托里拆利，他的话依然萦绕耳际：

"我们浸浴在……空气之海的底部而存活。"

第10章

力量之谜

> 宇宙，这整个该死的东西，终有一日必将坠落。
>
> ——内梅罗夫（Howard Nemerov），《宇宙喜剧》（*Cosmic Comics*），1975

●　　●　　●　　●　　●

　　我们把滴滴嗒嗒的落雨视为理所当然，对自己牢牢立足于地表毫无想法。但有谁能实实在在地解释重力，说他知道现在是什么状况吗？古希腊、中国和玛雅，这些睿智的文化，甚至连试都没试过。

　　即使到了今天，我们之中有多少人曾经真正注意"坠落"这件事？随便一个曾以腹部落水式跳过水的小孩都知道，跳水高度越高就越痛。那是因为我们越从高处起跳，撞击水面的速度就越快。以前念五年级时，他们都以每秒32英尺每秒的速度来引用落体加速度，直到小学自然课换成公制，后来变成每秒9.8平方米。太糟糕了。当年如果能以日常语言来表达，我们或许会多加用心。

坠落一秒钟，你会以每小时35.4千米的速度撞击地面。简单。

你每在空中多待一秒钟，就会让你着陆时又加快了每小时35.4千米的速度。还是简单。

如果你想在空中停留刚好一秒钟，得从16英尺的高度起跳，也就是一楼半的高度。如果你落在弹跳床上，大概不会痛。但就像电视上说的，你不可以在家里这么尝试。然而，在空中停留两秒钟，意味着要从六楼屋顶跳下来，到时你会加速到每小时70.8千米，在这种冲击下通常是没办法活命的。所以，和松鼠不一样，人类安全坠落的范围非常小。下降一秒钟有时可能没问题，两秒钟就意味着死亡。①

这是所有的人和动物，打从幼儿期迈出第一步开始，所面对的强硬现实。我们所做的运动是我们的肌肉和下方地面之间的对抗，因为地面永远想把我们尽可能抓近一点。

我们先前提过，亚里士多德和他的朋友们解决向下运动的问题时是这么说的：所有由水元素和土元素组成的东西都想要坠落，而且是呈一条直线。不管怎样，抛出悬崖的石头一边下降，一边改变角度，轨迹越来越趋近直线。

古人望着天空，相信天上的物体想要在圆形轨迹上运动。太

①　这些速度是假定没有空气阻力，空气阻力会让下降速度少一点精确，因为空气阻力依你伸展身体的方式而改变——举例来说，看你是俯冲下坠还是张开四肢，就像特技跳伞课程教你的那样。张开手脚的人下坠两秒钟后是以每小时67.5千米（而不是70.8千米）的速度行进，三秒钟后是每小时96.5千米的速度（而不是106千米）。

阳和月亮每天绕着我们转圈，星星在晚上绕着北极星轮转。①

而且，不是圆点的天体只有太阳和月亮，它们是圆盘状——更多的是圆。显然，诸神喜欢在他们的领域中有圆。你不能怪他们，根据希腊人的说法，圆是完美的几何形状——完美到具有神圣意义，其遗绪延续至今，还存留在婚礼和订婚仪式交换戒指这类传统中。唯有这种形状的边界没有特殊点或方向变动，而且边界上每一个点与中心都是等距的。

所以，照希腊人的说法，所有的运动要么是直线，要么是圆周。在那里是圆周，在这里线性向下。没有一个字提到重力。当时甚至没有"下拉力量"这种概念，而是物体自己"想要"一头栽下去，障碍物一移开就会这样。

一直以来，小孩绊倒擦伤膝盖而老人悠闲地拿石子打水漂，就是这么回事。

直到现代，重力这个概念在太空探索和高空弹跳这类活动中才变得重要起来。另一方面，空气阻力这个处境相似的主题也发展成一门显学。这是航空工程和跳伞活动的核心法则，也一直是动物王国中经过精心设计的一项特色——据此得以解释为何猫和松鼠无论从多高的地方掉下来，通常都不会加速到足以致命的

---

① 天空中所有星座和恒星绕之以旋转的位置——类似我们在学校用来画圆的圆规静止不动的那只脚——叫作"天北极"（也译作北天极）。北极星碰巧坐落在离那个点不到1度的地方。但由于我们的行星两万五千七百八十年来的地轴晃动，这个静止不动的天文点在过去几个世纪缓慢移位，而很少落在距任何肉眼可见的恒星不到1度之处。在古希腊时期，最接近不动状态的恒星刚好从天龙座α星（又名右枢、紫薇右垣一），也就是吉萨大金字塔主要通道大略所指方位，变为小熊座β星（又名帝星、北极二）。目前的北极星碰巧是整个两万六千年进动循环中最接近天北极、也最明亮的恒星。长夜漫漫，北极星似乎动都没动一下。

速度。①

　　在古希腊人的时代，这些科技上的有趣事物都还没到来。但16世纪刚刚揭开序幕时，科学正在处理之前被基督教教条收编的古希腊观点，设法要把那些四四方方的柏拉图理念钉进真实行星运动的圆孔里。

　　问题在于，这些孔洞不是圆的，而是椭圆。要以恒星为背景来绘制行星运动图，就得观测全然不同于绕着静止地球转的环状轨迹。于是，在16世纪，由对此着迷的丹麦天文学家第谷·布拉赫（Tycho Brahe，1546—1601）进行20年严谨的夜间观测，把一年的长度精算到误差不超过一秒的精准度，这证明他是个拒绝任何"四舍五入"的A型人格狂热分子。他很棒，但还是没能解开天体之舞背后最单纯的秘密。

　　行星看起来不像是循圆周路径在运行。第谷假想了各种荒唐可笑的拼凑式系统——行星绕着空间中空无一物的点做圆周运动，而这些点又循着更多圆形轨道运行，然后这些轨道再绕着我们转——来保住传统中"神圣的圆"，也让静止不动的地球能留在这一切的中央。而他的心灵健身操、多年智力劳动的病态炼狱，全部都是为一项毫无指望的目的服务：让宇宙合乎神职人员错误的自然运动观。

---

　　① 兽医对猫从高层建筑掉落的研究证明，90%的猫活了下来，而且有30%没有受伤，家鼠和松鼠也具有不会致命的终端速度。根据物理学（而不是实际经验），坠落的家鼠最快也只有坠落的大象1%的速度。事实上，对大部分的啮齿类动物而言，没有致命高度这回事：它们的终端速度低到足以免于会达到致命速度的加速，不论它们是从什么高度掉下来。不过，要避免伤害，尤其是猫，有赖于地面略带柔软。要断定草坪比人行道更好降落，应该不需要什么高深的学问吧。

第谷死于1601年，他的助手开普勒（Johannes Kepler，1571—1630）接收他的笔记，并在接下来的十年间加以思考，运用伽利略在1610年用第一架望远镜的发现（指伽利略发现木星的四颗卫星），并加以超越。杰出的数学家开普勒得出一个惊人的结论：天体的小步舞要能说得通，除非是太阳位居所有运动的中心，而所有行星——包括地球——要循椭圆路径运动。

椭圆形并不迷人，当时如此，今日亦然。但这是宇宙的事实，几乎所有天体都依此方式受重力作用而运动。

如果你能画个图，要了解椭圆并不难。把两枚图钉半压入胶合板或纸板中，然后用一条绳圈松松地圈住这两枚图钉。拿一根铅笔插入绳圈之中，把绳圈往旁边拉紧，这样你就能画出一个椭圆。在真实的宇宙中，这两枚图钉都叫作焦点，而太阳居于每一个行星轨道的焦点之一（另一个焦点只是空间中空无一物的一个点。这令某些人很苦恼。他们觉得，数学上这么重要的一个点，理当赋予比空无一物更有价值的意义。或许将来有一天，某家富有创业精神的太空旅行社在那儿开一家飘浮咖啡店，取一个有趣好记的店名，比如"焦点咖啡"）。这是关于每一颗行星的太空穿行路径简单又完整的真实。

开普勒发现，每一颗行星在它的椭圆路径上接近太阳时都会加速，但当它掉头离开时则会减速。天哪：地球和其他星球全都不断改变速度。之前都没有人想到这一点。

显而易见，太阳有什么东西在拉着行星。就在同一时间——17世纪头十年——伽利略也在思索这个谜。

和开普勒一样是《今日日心说》（*Heliocentrism Today*）长

期读者的伽利略，决心研究物体运动和坠落的方式。他建造了具有各种不同斜度的坡道，让球在上面滚，然后看会发生什么事。他仔细给这些物体计时后得出结论：无论斜坡有多陡峭或多平缓，或是在什么高度放球，球都会沿着斜坡奔驰而下，然后沿着另一个斜坡往上，直至来到与最初放下时相同的高度。

如果第二个坡道完全平坦，也就是水平状态，滚动的球会一直前进，而最后停下来的唯一原因——伽利略的判断正确——是摩擦。他突然有了一个惊人的想法：或许，月球和行星也是在往旁边滚。若是这样的话，它们会不断地运动下去，直到永远，而它们看起来正是这么做。

他运用简单的数学计算，而且计算的结果符合他的想法，只要这些行星不受任何空气阻力而慢下来的话。它们必须是在空无一物的场域中绕行！

我们这个时代已经对"太空是真空"的观念习以为常，但回顾当时，"虚空"在哲学上有着一段漫长崎岖的历史，而且最后的结局一点都不美好。比如说，希腊人就"虚空何以不可能"做了很多引人入胜的论证，但文艺复兴时代神职人员的推论为："上帝无所不在，所以不会有真空。"①

———

① 希腊人不相信虚无，因为他们是如此一丝不苟的逻辑学者。我们死后变成什么？对那些会说"我们一无所是"的人，希腊人会反驳说，是这个动词与虚无抵触，把"是"和"无"结合在一起是荒谬的。你不能"一无所是"，一如你不能"走不是路的路"。〔古希腊所建立的形而上学体系中，"是"（to be）这个字眼有"存在"或"存有"的意思。〕虚无是矛盾、无意义的概念——不具实质内涵的字眼。你似乎在说些什么，其实没有。按照他们的推理，真空不可能存在。今天我们弄懂了他们的逻辑，这逻辑依然无懈可击，但不管怎么样，他们错了。这是因为真实世界没有义务要按人类语言规则而活，人类语言是建立在符号体系之上。真实的水不等于水这个字，it这个字和it is raining（正在下雨）这句话一点关系都没有。

在17世纪的头几年，伽利略成了第一个确定自己知道在天国有什么东西存在的人：什么也没有。在他那本异端出版品《星际使者》（*The Starry Messenger*）中，伽利略对于"虚无"着墨不多，纯粹是因为这与他所受到的启发关系不大。他也大胆断言，亚里士多德说重物下坠比小质量物体要快，那是错的。不管怎样，伽利略的实验中，最大的金属球滚得并没有比较轻的球快。他反倒声称，令羽毛这类开展状物体变慢的，就只是空气阻力而已〔当航天员戴维·史考特（David Scott，1932—）同时放下锤子和羽毛而两者完全同步降下时，我们才得以看到伽利略的突破性概念在月球上实现。史考特是在1971年的"阿波罗十五号"任务接近尾声时做了这件事〕。

现在，无可回避且可预见，我们终于要谈到牛顿了。顺带一提，这位先生真的告诉过至少四个人，他是看着落下的苹果得到关于重力的灵感。他那广为流传的小故事唯一的错误，是关于一颗金冠苹果砸在他头上这回事。

牛顿思索月球和苹果的行为方式，明白伽利略已经触及关键所在：两种物体以相同方式运动。他舍弃了希腊人长久以来的直线／圆周推理方式，打造出统一天与地的新名词：重力（gravity）。他是根据gravitas一字而造，这个拉丁字的意思是"沉重"（heaviness）。他说不出这到底是什么，但说到如何作用——啊，他有办法完美地量化它。

其实，和他同时代的人，包括胡克（Robert Hooke）和哈雷（Edmond Halley），也设想有某种神秘的力量把物体拉向地球中心。哈雷甚至设想这种力量随距离增加而变弱，而且在一次如今已被遗忘的实验中，他把一个单摆带到750米高的山顶，并宣称他看到单摆在那儿摆得稍慢了一点。这些自然哲学家——这是当时对科学家的称呼，不只相信行星被太阳拉住，还正确说出这种力量随距离的平方成正比变弱。意思是距离太阳比你远3倍的物体，所经受的是3×3＝9倍弱的拉力。①

所以，很难说牛顿当时有关于"力"（force）的想法，尽管是他将其命名并引介给西方世界。其实，他只是就其如何作用予以精确描述。

牛顿在1643年生于英格兰林肯郡，时为伽利略过世一年后。他就读于剑桥三一学院，后来成了那儿的数学教授。在一份出版于1687年、不久便以《自然哲学的数学原理》之名广为人知的论文中，牛顿以数学方式证明太阳的重力应该会使行星沿椭圆轨道行进，因而形同在开普勒身后追赠他1600分的学术性向测验（SAT）满分成绩。在这篇论文中，牛顿提出他著名的三大运动

---

① 这件事在今天西方世界的课堂上少有人知道也罕见讨论，但有可信证据显示，谈到发现重力的存在，古印度天文学家击败文艺复兴时代所有的科学家。在牛顿之前整整一千年的7世纪，住在拉贾斯坦邦的婆罗摩笈多（Brahmagupta，598—668）说过："物体朝地球掉落，因为吸引物体是地球的本性，就好像流动是水的本性一样。"像这么深奥的思想，他也不是碰巧蒙到。他是杰出的数学家、发明（或许我们应该说发现）数字0的人。

但连他也可能不是第一个。再往前一个世纪，另一个我们在第8章谈过的印度人瓦拉哈米希拉，他在文章中提到可能有一种力量让万物一直附着在地球上。这甚至超越了局域落体的概念。瓦拉哈米希拉认识到很重要的一点：这种力量可以用来解释太阳对行星的牵引。gurutvakarshan这个字——在牛顿之前好几个世纪就被造出来——就是梵文的重力，意思是"被吸引"。

定律，但说句公道话，伽利略早就把前两项说得很清楚了：

> 一、所有物体都持续静止不动或等速直线运动的状态，除非受施加在上面的力所迫而改变该状态。
>
> 二、运动的变化与施力成正比，并沿该力的作用以直线方向而运动。
>
> 三、每一个作用都有等量反向的反作用。

用白话来说，运动中的物体倾向继续运动，而静止物体喜欢保持不动。这两种倾向都被称为惯性（inertia）。牛顿也引入了动量（momentum）的概念。动量只牵涉到两种东西：物体的质量（在我们的感知就是重量）乘上其速度。慢速移动的卡车可以和自行车以相同速度运动，但卡车的质量较多，因而有较多的动量，比较难停下来。

牛顿也是第一个认真陈述众人皆知之事的人——力的强度由力对物体运动的影响程度定之。他也提到加速度就是运动的变化，无论是在速度或方向上。

牛顿把重力（gravity）当成一种力（force），纯粹是因为重力改变了物体的运动方式，把物体拉得越来越快。在地球上，我们知道重力把事物往地心拉，使其速度每秒加快35.4千米。牛顿出类拔萃之处，在于明白坠地苹果的行为方式和绕着我们公转的月球一模一样。①

　　牛顿的第三定律则传达了全新的内容：大小相等且方向相反的反作用概念。这个意思是，任何施力物体也会感受到力作用在自己身上。如果你推一辆动弹不得的车子，你的手也会感受到相同的力在回推你。

　　炸药爆炸推动子弹向前，来福枪里也产生后座力。由于子弹比来福枪轻，其中一物取得更大的前进速度，较重的那个则以较小的劲道向后运动。当状况涉及我们的星球时，这种不对等的情形变得完全不成比例。如果你向上跳，你就是同时把地球朝相反方向往回推。然而，因为地球比你重1023倍，它的运动也比你跳起时的运动少1023倍。

　　这条相等但相反的定律说明了底部喷出高速气流的火箭为何会往相反方向——向上——运动，即使在太空的真空中也是如

---

　　①　为什么枝头落下的一颗苹果表现出与月球相同的行为，原因如下。月球距离地心比苹果远了60倍，因此，月球体验到的重力应该比苹果少了60×60也就是3600倍。所以，月球并非如苹果以每秒加快35.4千米速度的加速度落下，而应该是慢了3600倍，也就是0.0096千米时速——大约一分钟15厘米。这是你抖过毯子后的落尘速度。月球就这样勉强算有下降。而月球下降的同时，也以每小时3540千米的速度水平行进。这两种运动组合起来，产生一条弯曲路径。月球前进的速度恰如其分，我们的行星地表也以同样的比率从月球正下方向下弯曲，因此，月球接近我们的程度永不至于会受更强大的重力牵引。这就是为什么月球的速度永远不会增加。月球向前进也向下掉，保持着相同的距离，因而永远绕着我们公转。

　　作者的意思是，gravity的字源gravitas原意为沉重或具重量的状态或特性，并无"力"之意。所以严格来说，gravity是"重"而非"力"，the force of gravity才是"重力"，但因gravity的作用效果和力相同，所以在操作定义上两者并无差别。惯用中译直接将gravity译成重力，使得这句话用中文读来容易引起困惑。作者有此说，是在为后文介绍爱因斯坦广义相对论改写重力定义预留伏笔，也有为牛顿重力说与爱因斯坦重力非力说居间调和之意。——译者注

此。那些气体没有必要对着任何东西推。

运用牛顿的数字，只要再加上一点点数学，我们就能算出一根金条如果被黄金本位极端分子从英格兰银行屋顶扔下来坠落得有多快。或者一个因为中年危机去玩高空弹跳的人，从20楼高的桥上跳下来时坠落得有多快。抓起一台计算器，别怕，"数学好好玩"的时间到了。

把弹跳者的高度（以英尺计）乘上64.4，然后按下开平方的按钮。这就是他以英尺／秒计的最终速度。如果你比较喜欢英里／小时，就把这个数再乘上0.68。

我们来看一个例子。我们这位高空弹跳者从200英尺处跳下来，所以这个数乘上64.4等于12880，开平方是113。这便是他的最终速度：每秒113英尺（约34.5米）。把这个乘上0.68就得到每小时77英里（124千米），不怎么难嘛。

如果从所有可能位置中的最高处跳下——比方说，甚至是从比月球还远的地方朝着地球跳——你所能达到的最大速度会是每小时40,284千米，不算空气阻力的话。这就和凭借一次向上喷发——好比你是从加农炮里点火发射出去的马戏团表演者——脱离地球所需的速度完全相同。所以，脱离任何天体所需的速度，也就是你从极高处掉到地面的落地速度。

上升速度等于下降速度这回事蛮酷的。把一颗柳橙往上抛，然后让它掉回到你的手中。有趣的是，你所决定的上抛速度和它下来被你抓到时的速度完全相同。

每一个天体都有自己的冲击速度或脱离速度，这取决于天体的质量和直径。以月球来说是每小时8639千米，太阳是每小时160万千米以上或每秒618千米。这是指一艘被技术欠佳的外星人开到燃料耗尽的流浪宇宙飞船，会被重力往太阳拉到多快的程度。

在地球上，空气阻力让物体慢下来。上特技跳伞课程时，他们要你张开手臂和腿，让你的身体以最大表面积迎向风。如果你这么做，速度超过每小时193千米就不会再增加了。这便是著名的"终端速度"。①

从高度才150米或50层楼跳下来，很快就达到这个速度。或许你会觉得惊讶，如果你从110层楼跳下来，到最后也不会比你从50层楼跳下来更快。胆子大不怕死的人不选50层楼，偏要从高上很多的楼顶跳，只是想要为自己争取更多滞空时间好让降落伞打开——这点子蛮好。②

但我们还是没有解释为什么会这样。好，让我们快转到1879年诞生的爱因斯坦。

按照他1905年、尤其是1915年的相对论，爱因斯坦不只是

---

① 特技跳伞者摆出流线型的俯冲姿势，可以达到每小时320千米的速度。

② 伽利略证明了重物掉得比轻物快这个广为流传的信念是错的。但你摔跤时，难道不该比重量较轻的物体被往下拉得更快吗？答案令人意外：你是被往下拉得更快，尽管这没让你下降得更快。和轻物比起来，重物的确是被拉得更用力。假如你是前任世界西洋棋冠军尼姆佐维奇（Aron Nimzowitsch），他真的曾经跳上棋桌大喊："为什么我得输给这个白痴？"如果他跳下来的同时，一颗棋子被他敲到而掉向地板，两者同时触地。重力拉他的身体所用的力量比拉那颗"小兵"要大。然而，由于西洋棋冠军的体重这么重，他的质量花了更长的时间把速度提高，就像卡车加速比跑车要缓慢一样。结果一来一往扯平了。他的身体被拉得更用力，但速度提高得更勉强，于是两个物体以相同速度落下。

把牛顿力学扭一扭、拧一拧。他是把它给扔了，用一些怪异的概念加以取代，而这些概念怪异到即使在一个世纪后的今天，依然让人伤透脑筋。这是对宇宙中的运动采取一种全新的思考方式。

如果旧的捕鼠器运作得很好，爱因斯坦就不会发明出更好的。但经过旧的牛顿力学对力、质量和加速度加以简单的计算，天体的行止动静有如在透镜下接受检视，有了一些微小但无法解释的疙瘩。①

爱因斯坦认定重力根本不是力。经过一次空前绝后——或许除了海森堡（Werner Heisenberg，1901—1976）那一票量子帮之外——的灵感飞跃，爱因斯坦说，有一种看不见的基体，他称之为时空（spacetime），遍及宇宙的每一个角落。时间与空间的混合体，其组态决定物体必须以何种方式在其中运动。物体的存在，即其质量，扭曲了周遭的时空。运动通过这个区域的任何物体都以可预测的方式改变其运动轨迹及其时间推移。

照这个想法，太阳并未拉着我们这个世界。地球只不过是循着最直、最偷懒、最不拐弯抹角的路径，通过局域的弯曲时空。我们邻近的太阳巨大的质量压陷时空，就像重球放在橡胶布上使之下陷一般。地球顺着这块翘曲的橡胶膜和曲线弧一路滚了一年

---

① 尤其是行星的不对称椭圆公转轨道改变角度偏离太阳的方向并不固定。轨道本身就像挤压变形的呼拉圈在转一样，在太空中不断改变朝向。连月球的卵形公转轨道也一直在改变其最长直径（即椭圆形的长轴）的指向，长轴每8.86年做完一趟环绕地球的完整公转。所以，不只月球在绕着我们转，其椭圆轨道也以慢了118倍的速度环绕我们旋转。水星的挤压轨道也一样，只不过速度是牛顿物理学所能估算的2倍快。

后，又回到它的起点。

时空并不局限在遥远的地方，就在房间里的此处也有。我们站在地球表面，感觉到地面把我们的鞋底和脚跟往上推。这是因为我们体验到地球和我们自己穿过局域时空的运动，这个时空已经被地球的质量给扭曲了。

所以，爱因斯坦以几何取代了重力，每一个物体的路径都由局域时空的组态决定。我们就拿球场上的两个打者为例，近距离观察这是如何运作的。第一位打者把球击向空中，球运动了一大段距离且在高处停留一段长时间后，才被外野手接杀。下一位打者打出一颗高吊球，这颗球走的是比较线性的路径，被同一位外野手抓住时所达到的速度也快上许多。

对我们这种把时间和空间分开考虑的心灵来说，这两颗击球走的是非常不同的轨迹。两者乍看好像是不一样的事件，但在单一的时空基体中加以标定，走的却是同一路径。的确，无论何时，当放开物体任其自行移动（只要出发点相同，到达点也相同），就必定会循着相同的测地线（穿行时空的路径）。只有对我们人类知觉来说，两者才是耗时各不相同的东西且穿行空间的路径互不相似。事实上，两者联结如此密切，要是你改变一物的时间路径（例如让球在空中停留得比较久），空间路径也会自动改变。

不幸的是，关于时空的翘曲方式与物体穿行时空的运动方式，爱因斯坦的场方程式复杂得不可思议。①这些方程式如此的劳力密集，就连美国太空总署在计算太空飞行器前往各行星的航行路径时都不使用。他们宁可谨守牛顿比较简单的数学——所得出的结果已经够好，处理起来也容易得多。

今天的学生所学到的，通常还是比较旧的牛顿式观点，即地球是因为太阳重力而绕着太阳转。科学课程很少提供给孩子们更先进的爱因斯坦观念，即我们的星球纯粹是沿着一条穿行弯曲时空的直线路径（测地线）而坠落，而这个弯曲时空是由近旁那颗大质量的太阳所制造出来的。

我们这篇关于钥匙掉下来和行星飞驰的故事原本可以在此告一段落，只是还有一个问题。无论我们称其为扭曲的时空还是重力，物体被拉向其他物体的现象依然充满神秘。毕竟，时空是一

---

① 连爱因斯坦自己也算得一团乱。他一开始得出的关于太阳表面时空扭曲量的数字错得非常离谱。原本这会给他带来灾难性的后果，因为对其理论的最佳测试就是测量太阳边缘的恒星位置。遥远的星光在来到我们眼前的路上，恰巧擦过太阳边缘，通过时空弯曲最大的位置。根据爱因斯坦的理论，这应该会使星光走较长的路径，导致恒星看似位于非预期中的位置——他说，这是一个应该不难测量的偏离。

我们何时能测量炫目的太阳边缘有一颗背景恒星？就在日全食期间！由于第一次世界大战，一次原本可以测试相对论的1915年的日食不适合人们观看——去看这次日食的探查之旅可能会不安全。1919年5月的日全食期间，很幸运，昏暗的太阳就位在金牛座的毕宿星团众恒星之间。但在这次事件到来之前，爱因斯坦已经修正他的数学，并就恒星与其星表位置之间的预期偏离提出一个新的数字。著名的英国天文学家爱丁顿（Arthur Eddington，1882—1944）是爱因斯坦的支持者，他带领一支探查队出发，虽未真正精确测量到预期结果，却使爱因斯坦的大名在一夕之间家喻户晓。但质疑之说喧腾不止。爱丁顿用的是10厘米镜片的小小望远镜，观测是在空气扰动的日间进行，恒星影像模糊且跳动，而所需的精确度是1弧秒——从4.8千米外目视一枚两毛五分钱硬币的大小。爱丁顿真的证实了爱因斯坦的理论，抑或只是看到他想看的？

著名的1919年的观测结果至今依然争论不断。没关系，后来的观测证实了相对论。时空连续体是真的，天体运动是穿越弯曲空间的旅程。

种数学模型，并非如瑞士起司这种实存之物。时间除了作为我们人类感受变化的一种方式之外，本身并非独立的存在。空间也非实有其物，我们无法带着它到实验室加以分析，就像我们分析一片石英那样。时空是描述和预测运动的一种精确的数学方法，它不是终极的解释。许多物理学家还是比较喜欢讲重力，仿佛爱因斯坦从未存在过一般。

有一天，我们可能会查出为什么物体会被拉向其他物体。如果重力是一种力，应该要有一种载力粒子把重力从一处带到另一处。光子（光的微粒）就是传输电磁力的载力粒子。爱因斯坦假设"重子"（graviton）的存在，来为重力打点大大小小的事情。然而，到目前为止，重子还没被侦测到（但要是重力只是一种几何或一种时空扭曲，那么或许载力粒子就没必要存在了）。[1]

重力有多大威力是否因宇宙的其他部分而定？重力是否与科学家假想的弦有某种关联？当宇宙扩张，重力"常数"也跟着变吗？地球重力会随时间而变弱吗？重力会不会是来自另一维度的某种影响呢？

重力之谜，就像秋天掉下来的苹果——牛顿的灵感之源，依然在我们周遭啪嗒啪嗒地落下。

---

[1]　不同于其他三种描述物理系统之间关系的基本力，重力依然神秘。其他三种——电磁力（表现为磁场与电场之类）、弱核力和强核力，后两种只在原子里面的微小领域内作用——理论上甚至是可以结合起来的。但重力让所有想把它纳入更大图像与其他基本力联结的尝试都无功而返。

第11章

人体尖峰时刻

心岂能总是如此荡漾……

——拜伦（Lord Byron），《我们不能继续盘桓》（*So We'll Go No More A Roving*），1830

●　　●　　●　　●　　●

"抱歉，我现在在忙。"你对朋友这么说。

这话说得真对，你的身体像银河系一样忙。

即使在我们休息和做白日梦的时候，体内活动也未停止。其中有些是显而易见的。我们可以感觉到自己的脉搏、自己的心跳、自己的胸腔正在吐气，也许还有我们的肚子咕咕响个儿下，其他就没什么了。这样仅限于对少数几种体内运动有知觉是件好事。大自然放我们一马，免于被皮肤底下正在上演、多到数不清的戏码给烦死。

但现在让我们来知觉看看吧，即使只是为了理解少女画眼线时那种微妙又巨大的复杂性。

我们或许可以先来思考一下"思考"这回事。大脑当然是我们神经系统的冠顶之珠、最高主宰。（会不会就是大脑在此刻吹响它的号角，让我写下这段话？）大脑有850亿个神经元细胞，而更令人印象深刻的是，大脑拥有150兆个神经突触。这些是它的电性连接、它的可能性，这个数目比银河系恒星之数大上近千倍。

大脑神经元的数目大得惊人。以每秒一个的速率来数的话，得花上3200年。但大脑神经突触，或者说它的电性连接，数量之多更是令人难以置信。那150兆不花上300万年是数不完的。事情还没完呢，接着想到的是每个细胞可以有多少种彼此联结的方式。讲到这里，我们就必须用到阶乘了。这东西很酷。比如说，我们想知道书架上的4本书有多少种排列方式。简单：你把$4 \times 3 \times 2$——念作"四的阶乘"，写成4!——乘起来，就能找出有多少可能，也就是24种。但要是现在你有10本书呢？还是简单：是10!，或是$10 \times 9 \times 8 \times 7 \times 6 \times 5 \times 4 \times 3 \times 2$，那将会是——准备好了吗？——3,628,800种不同的方式。想象一下：从4个项目到10个，可能的排列方式从24种增加到360万种！

总结：可能性总是比我们周遭的事物数量还多，多到一发不可收拾、令人抓狂。如果每一个神经元或大脑细胞和你颅骨内其他任何一个神经元都可以联结，其组合数会是850亿的阶乘。这个数里头的0多到可以填满地球上所有的书且有剩余，而这只是0而已——只是记数法，不是实际的数目。记住，每次你光是加上六个0，不管在此之前的数有多大，你所表示的量都比它还要大上100万倍。大脑联结的可能性超乎同一颗大脑的理解能力。

这种复杂构造全都在一团看似了无生气的1.4千克重的起司

里，大小约与1400cc引擎的活塞相同。因为颅骨内没有肌肉，也因为大脑的密度比水大不了多少，所以看起来的确像是一团烂糊糊、不起眼的东西。然而，大脑的赋动能力完全隐藏了起来。使它活跃有生气的，是它无休无止的电性活动。肉眼不可见的火花四处飞跃，每个神经元都以大约100毫伏（1毫伏为千分之一伏特）的电流在运作。十分之一伏特非常够用了：这个运作基体比一颗AAA电池还小。即使你把大脑全部的能源消耗量加起来，也只不过是23瓦特（一个人每天消耗2400卡路里）。尽管如此，只占人体质量2%的大脑，还是用掉人体能源的20%这么一大块。大脑是耗能大户，没有断电装置，电流持续不断地流动着。

关于这种电性活动最早的线索来自意大利医生贾法尼（Luigi Galvani，1737—1798），他在1791年发表了青蛙的神经电刺激研究成果。如果是电使得肌肉收缩，那么这就是大脑完成其指令的必要方法！1792年，他的意大利同胞、博物学家法布罗尼（Giovanni Valentino Mattia Fabbroni，1752—1822）指出，这种电性神经活动一定会动用到化学物质。八年后的1800年，当意大利物理学家伏特（Alessandro Volta，1745—1827）发明湿电池，这整个想法声势大涨。这种电池是以自我闭合的方式产生电力并加以储存——大脑有没有可能同样如此？

当然，大脑比这复杂多了。当1906年的诺贝尔医学奖被颁给意大利病理学家高尔基（Camillo Golgi，1843—1926）和西班牙病理学家拉蒙卡哈尔（Santiago Ramón y Cajal，1852—1934），奖励他们在神经系统组织研究上的突破，也不过是标识出探索这个迷宫构造的先驱脚步。即使到了今天，这个构造仍然远比人体其他部分神秘得多。但至少在那一刻，我们掌握到指挥肌肉运动的机制。

电通过铜线是以96%的光速行进，进了神经纤维就没这种好事了。我们人体的神经元有好几种不同的种类和功能，但没有一种能让电流流动得像在电动开罐器中那般迅捷，连1%都没有。不过，我们显然不需要靠这种光速认知能力，便能在日常心智表现上有出色成绩，像是把垃圾放进袋子里。我们实际上只有每秒约120米的最大运作速率，比光速的百万分之一还少，就已经快到够把这差事给搞定了。

我们很快地做个实验，就能明显看出这一点。闭上你的眼睛，然后举起一只手快速地四面挥舞——在头顶上挥、往旁边挥，随便挥。你每分每秒、随时都清楚那只手到底在哪儿，无论你的手变换位置的速度有多快。你对手掌位置的即刻察觉能力证明，神经电讯号到达大脑的速度极快，因为在这种情况下，唯有"实时"信息才派得上用场。事实上，那些脉冲讯号每小时前进400千米。

这是神经对必要内容的传送速度。但怎么样才算得上"必要"？幸好，你不必针对大脑接收到的所有感觉、肌肉、压力、疼痛和其他讯号，就其相对重要性排优先顺位。这件事甚至在你离开子宫之前便已经被安排、设计，在基因内建好了。朋友兴高采烈但粗心大意的手势就要戳到你的眼睛？你马上一边眨眼、一边闪避。吃东西时叉子最好别刺到自己？你的手指和嘴唇传来的位置讯号当下就整合起来。某次露营过夜之旅，你赤脚走出帐篷，踩到一个可疑的物体，感觉起来是一条像蛇一样的可怕东西，你在刹那间猛力把腿拉起来。这些反射动作都是神经以每小时400千米的速度在下命令。

但现在用你的脚趾踢东西，请记住是什么时候踢到。要过几秒钟才会感觉到痛。那是因为疼痛讯号的行进是沿着不同的线路，每小时只有4.8千米或每秒0.6米的低顺位速度。传递坏消息不用急。

那思考呢？这类讯号以介于两者之间的速度出现，既不是最快，也不是最慢。这些讯号以每小时112千米的速度在大脑皮质层里滑行、分进。这个过程的速度够快，所以你可以在另一套电路系统——你的本我、你的自我感知——获知之前做完决定。

2006年，晚近的研究者、美国神经生理学家利贝特（Benjamin Libet，1916—2007）及其研究团队要求志愿受试者，在他们想好要举起哪只手臂的当下按下按钮，然后立刻抬起正确的那只手臂。惊人的事情来了。盯着实验对象脑波的研究人员，在志愿受试者弄清楚自己的选择之前十秒，就能有把握地分辨出受试者做了哪一种决定！

换句话说，大脑的电性活动会自动进行，像胰脏或肝脏一样。大脑自主做出决定，我们要稍晚一点才明白决定了什么。

我们可能对选择这件事有一种主观的认知。我们可能会说："我决定今晚要吃中国菜，不吃意大利菜。"但事实上，我们根本没有发挥自由意志，大脑借着自发的电性连接自行做了决定。要如何把这个活动控制得比对自己肾脏运作的掌控更好，我们没有一丁点的概念（好，如果你对此不以为然，声称能够自己做选择且这些决定并非自动产生，那么你应该要知道，你这个想法本身甚至在你起心动念去想、去说之前，就已经自行形成）。

这些或快、慢、不快不慢的电脉冲和突触联结，全都连续不断地发生，而且早上的步调最快。只有在灯光熄灭时才得以休息：当我们睡着时，大脑运转程度降低很多。

22岁至27岁之间达到高峰后就开始萎缩的神经系统活动，当然是体内其他无数运动的控制系统。而我们感知最明确的运动，当然是呼吸和心跳。

就算是心脏的基本实况，也不是随随便便能弄得清楚的。尽管有解剖尸体一点一滴累积起来的知识（在伦理上能接受的几个世纪间），直到晚近，人们还是觉得心脏的作用及其怦怦声神秘得令人不知所措。早在公元前4年，希腊医生就知道有心脏瓣膜和动脉，但还是做出错误的结论。因为人死后，血液淤积在静脉而非动脉，希腊解剖学者错误地假定动脉是输送空气到全身各处。死于公元前250年的亚力山卓港医师埃拉西斯特拉图斯（Erasistratus）说过，人们的动脉被切开后流出血来，纯粹是因为来自静脉的血液突然涌进那些"充满空气的脉管"。

后来在公元2世纪，声名卓著的希腊医师盖伦（Galen，129—200）确实主张过动脉和静脉都含有血液，但他并不认为是心脏在输送血液，反倒说是产生脉搏的动脉在输送。心脏只是吸取血液，充当某种储存槽，没有循环这回事。血液由肝制造，然后经由某种方式被用掉，并且不断地更新。

一直到1628年，英国医生哈维（William Harvey，1578—1657）终于厘清循环系统的来龙去脉，并解释了我们胸口之所以会怦怦跳的原因（遵照科学界对待先驱者的神圣传统，哈维为此被嘲弄了几十年）。

人的一生中，心脏跳动25亿次。成年男性每次持续不断输送约4.7升血液（女性约3.8升），平均流速每小时4.8～6.4千米——相当于步行速度。这速度快到足以让手臂注射的药物仅仅用几秒钟就到达大脑。但这种血速只是平均值。血液一开始是以令人印象深刻的每秒38厘米的速度冲过大动脉，接着在身体各个不同部位减缓为不同速度。

正常来说，像水这样的液体被迫流经狭窄管路时会加速。孩子们喜欢挤压水管，让水喷得更远，把朋友弄得一身湿。但窄小的微血管却反其道而行。此处是血液流动最慢的位置。

一切都是为了氧气交换。这个理由不受微血管离心脏最远的事实所限。反倒是微血管如此之多，其总截面积比静脉和动脉还大。血液的体积在那儿完全展开。

淋巴液也经由自己的管道系统，以每分钟约0.6厘米的慢速移动。但空气活泼得多，正常来说，男性与女性同样每次呼吸约0.47升的空气，每分钟呼吸十二到十五次。这加起来就是一分钟不到7.6升的空气摄取量。为了做到这一点，肺和横膈膜进行速度为每秒2.5厘米的吸进呼出运动。

同时，总是令人心情愉快的食品百货店里，我们把糕点塞进嘴里嚼，下排牙齿执行所有动作，以每秒2.5厘米的速度上下、运动（研究显示，我们肚子饿的时候，唾液喷得比较多）。大口吞下去吧，此时我们要靠食道蠕动，一阵阵的收缩以每秒近2厘米的速度把食物往胃里送。

哗啦一声——食物掉进胃里了，并且要在那儿平均待上二至四小时。

接下来，食物一边做进一步加工、移除所含水分，一边轰隆轰隆地通过6米长的小肠，然后是1.8米长的大肠。这团正在腐败的东西以每小时0.3米至每三个小时0.3米不等的速度一路前进，快慢因人也因食物而定，含有许多粗糙食物的腐败物移动最快。大便中整整有一半的重量是细菌，真的，2012年的研究揭露，我们每个人的身体重量，大约有3％为细菌。我们每个人都是"我们"，而非"我"。

整个过程——一边进、一边出——一天之内就能结束。也有可能需要三天。这无所谓"正常"与否，虽然我们都对应该多久上一次厕所有所见解。有些人一天大便三次，有些人则几天才一次。如果你想加快速度，增加膳食纤维到一天25克以上是最好的办法。我们无法控制电通过神经元、淋巴液流过淋巴系统、氧和二氧化碳在肺里交换位置或血液流过微血管的速度。我们也不能改变小行星的速度。我们希望当个"控制狂"并获得我们想象中的最佳速度，也只有在个人的胃肠消化这个领域了。

小便也是一样。无论男女，无论大人还是小孩，尿尿的平均速度完全一样——每秒10~15毫升。由于一天的平均排尿量是0.95~1.9升，我们被迫每天要花整整一两分钟尿尿，很少超过三分钟。女性一天平均排尿八次，男性平均七次。不过，不管你同不同意，一天多到十三次也不算异常。合计一下，一天排尿七次的人每一回需要九至二十七秒来搞定这件事。

因此，我们一生中有一整个月要投入在这个活动上。

男性和女性眨眼睛也有相同的频率。意思是，我们一分钟大约眨眼十次或每六秒一次。凝视——像我们看书的时候那样——会让这个频率减半。尽管持续专注在视觉工作上会让我们眨眼次数减少，但疲劳会产生反效果，因而导致更频繁地眨眼。

婴儿一分钟只眨眼一或两次，原因不明。有一个可能的解释是：婴儿需要的眼部润滑比成年人少，纯粹是因为他们的眼睛比较小。而且，婴儿在他们生命中的第一个月不会产生任何眼部分泌物，我们也就不会看到婴儿哭得眼泪汪汪的令人心碎的一幕。婴儿也睡得远比成年人为多。无论如何，随着小孩长大，眨眼次数稳定增加，并在青春期达到成年人的频率。

眨一次眼只花我们十分之一秒，但其中的谜团停留得太久了。罹患帕金森氏症的人几乎完全不眨眼，而精神分裂症患者则眨得比没有这个困扰的人多，没人知道为什么。

眨眼的诱因的出现甚至比眨眼本身速度更快。人眼的反射反应，有时不过是被一股气流所诱发，从大脑到眼睛费时三十毫秒至五十毫秒（millisecond，ms，千分之一秒），比二十分之一秒还快。与此相比，在实验室里，即使实验对象绷紧神经且有所预期，对影像讯号的自主反应时间还是需要七分之一秒左右。如果是在车子里，驾驶把脚从油门移到刹车，还要多花四分之三秒。反射动作才是正途，有意识的选择或许被高估了。

有些身体运动甚至比眨眼还快。例如，细胞内的蛋白质合成会创造出新的物质，每一种都有特定的重要功能。有多快？细胞的核糖体可以在十秒内制造出抗病蛋白质。由于数以百万计的细胞同步生产蛋白质并与传染病作战，入侵的细菌要取得立足点的机会非常渺茫。

幸好如此。这些军队经常势均力敌、胜负难分。细菌占领区的规模可以在9分48秒内扩大1倍，我们也都经历过像疖这类暂时压过体内防疫系统的病菌之"城"。

我们旅行时，尤其是在人潮拥挤的密闭空间，如客机或巴士里，接触病原菌的风险最大。

这又带出了我们全身性运动的课题：步行。我们身边到处都有人在摆动他们的四肢。一般人的腿部和手臂完成一次前后摆荡，需要约一点五秒，意思是我们要在三秒内走完两步。

当然，我们可以刻意选择走快一点或慢一点，但人和动物有一种他们不知不觉就会尽可能采取的自然步速。腿"想要"像游乐场的秋千那样摆荡。摆荡有一种自然循环，而循环的周期完全由摆荡的长度来决定。我们大家都知道，游乐场里链子长的好秋千荡起来令人满意，周期又长；坐短链子的秋千，前后摆荡快又令人胆战心惊——这就是单摆效应。

当年，除了伽利略之外，没有人发现这一点。伽利略第一次注意到自然摆荡物这一迷人性质的场所到今天还在，没什么改变。如果你曾去过比萨斜塔，不会看不到紧邻斜塔旁的大教堂。在那处巨大、阴暗、发出霉味的空间里，从高高在上的天花板垂下的链子上，吊灯依然挂着。有时，尤其是在风起的日子，这些吊灯显现出微微的、极其缓慢的前后运动。1582年，有一次在做弥撒的时候，伽利略或许因礼拜仪式而陷入狂喜状态，他茫然地瞪着天花板看并有了令人惊奇的发现：吊灯完成每次摆荡所花的时间长度从不改变。大约是九秒，无论吊灯是移动几英寸或好几英尺。他的脑袋显然因这一观察而焦躁不安了一阵子。

这是漫长的一阵子。整整二十年后，他决心要对这个单摆效应做个研究。从1602年开始，他写信告诉某人，链子、线或绳子末端的摆锤重量，并不影响摆荡的周期。基本上，摆幅也不会。意思是，如果你轻轻地、几乎察觉不到地推了一下秋千上的孩子，轻到秋千只移动几英寸，前后移动所花的时间，相较于你大大推上一把、让她高高往上到几乎侧移，然后再猛烈荡回另一边，并不会有差别。

★意大利比萨的大教堂广场是两次和运动相关的重大事件发生地。依照伽利略学生维维亚尼（Vincenzo Viviani）的说法，伽利略在1589年把一件轻物和一件重物从斜塔上丢了下来，证明两物以相同速度坠落。此前七年，1582年，在照片中前排的大教堂里，伽利略第一次注意到单摆效应

伽利略了解到，这个被称为等时性（isochronism）的性质让单摆可用来充当时钟。意思是：摆荡周期完全取决于绳子的长度。每一种事物都有一个自然的摆荡周期。任何重量绑在一条39英寸长的绳子上——非常接近但不是刚好1米——都可以做成一条完美的秒摆，意思是完整的前后摆荡周期为两秒（逻辑上来说，这个长度似乎可以当作米的基础，然而实际上并不是：米一开始就定为赤道与极地之距离的一千万分之一）。于是，钟摆长度正确加上制作得宜的老爷钟，分秒不差地嘀嗒嘀嗒地响。

也许大多数人的腿同样是那个长度左右，或是多个几英寸。当腿以髋臼为中心旋转时，这些毛茸茸的摆锤"想要"以约一点五秒的时间完成一次前后摆荡。[①]以约162厘米的女性来说，步速稍稍比这快一点。

还有，身体自然而然会采取最轻松、耗能最少的步速。如果你赶时间，当然可以耗费额外的能量，喜欢多快就多快。近年来，我们驱策自己的身体高速向前冲，而在我们之前（速度较慢）的一万二千五百代人类，除了最后这八代之外，看到这种速度应该会不知所措吧。

---

① 其实，我们必须在动物的肢体与绳子末端绑重锤或悬锤这两者之间做个区隔，后者是真正的摆，摆绳占装置整体质量并不很多。如果改成拿沉重的刚性杆子——或以这个例子来说，是刚性、结实的腿骨——用在摆上，那么摆荡速度会与真正的摆（悬锤几乎等于全部质量且用来绑悬锤的是可忽略的质量）但摆长为三分之二的情况相符。所以，以人类的情况来说，脚的质量只比整只腿的重量小一点而已，三分之二的做法最能告诉我们所观测的周期。用真实的数字来算，一条39英寸长的绳子绑上重锤来摆一次的周期是两秒。但人脚在39英寸腿骨末端扮演铅锤的角色，摆荡起来就好像把它放在一个只有20英寸长的摆上，前后一次约一点五秒完成。

人类的旅行速度算是"自然"运动吗？我们通常认为我们在科技上的成就与丢沙子、赶大象这种事情有所区别。但也许这种区别太武断了。我们的大脑和我们无休止的身体活动，已经发展到超乎我们所能控制，或许我们自己就和密西西比河一样，迂回曲折得那么自然而然。

我们来简述一下我们移动整个身体的快慢程度。这件差事在人类历史的头2000个世纪并不难。我们要么用走的，要么用跑的。辛苦一小时，让我们汗流浃背地把自己推进4.8～16千米。等养了马，我们驾马驰驱短程。

今天的美国人平均一辈子走104,608千米的路，世界各国则是这个数值的2倍以上，和我们的祖先差别不大。但底下这个就有差别了：我们每人一生之中旅行一百万英里。这种程度的运动前所未闻〔不光是因为百万（million）这个字眼在14世纪之前并不存在，在那之前最大的数目是万（myriad）〕。当时每英里所潜藏的危险比今天高得太多，即使晚近如美国南北战争时期，也少有人能活到累积这么多的旅行常客点数。真的，不同于一般人的19世纪的火车列车长或航海员，或许自然而然就会增加到足以加入百万英里俱乐部——但他大概会有很多伤疤以资证明吧。

人类旅行的关键转折点在两个世纪前到来。1790年至1830年间，出现了巨大的变化。那个时期的初期，大多数人乘马车旅行，以每小时6.4～9.6千米的速度驾车走在坑坑洼洼的泥巴路上。不管怎么看，这都是种酷刑。如果你的行程带你踏上的是最好走的路，像是纽约和波士顿这种大城市之间的道路，你可以来趟五、六天的旅行。你会受热或受寒，马匹会引来嗡嗡叫的虫子，而你会被这些虫子围攻，这可不好玩。

两项重大改良把长程运输推上每小时12.8～14.5千米这个值得称庆的新均速。第一项是垫高铺上碎石、有侧沟以供排水的道路。这意味着要铺上三层石头，最大颗的垫底而最细的铺在上层压实。驾车走在这些"高"路上，大幅减少了摇晃颠簸。①

第二项增速原因是驿马车。到了19世纪30年代，马车公司采用马匹替换法，沿途每65千米左右换一次。每间隔一段固定距离，也就是驿程，就有新的马匹，跑一趟纽约到波士顿的时间减少为一天半。

大约在这个时期，河道上渐渐挤满了蒸汽船。带头的是后来惯称为"克勒蒙号"（Clermont）的北河汽船号，从1807年开始了溯哈德逊河而上的航程，1825年伊利运河开通后更添助力。铁路也大幅成长，到了19世纪30年代后期，火车总是以24～32千米的时速按时进站。这是前所未有、中途无休的速度，人们放下田里的工作来看烧柴、冒烟、有顶盖的马车通过，抢在前面的人吸了满脸的煤烟和灰烬。到了1840年，4800千米的轨道已经铺好，主要在美国东北部，波士顿之旅如今只需要花一天时间。

18世纪90年代出生的孩子们长大到五十几岁，成为爷爷时，

---

① 第一条采用苏格兰人马卡丹（John Loudon McAdam，1756—1836）的方法铺设的美国全国高速公路是24米宽的非凡成就，从马里兰州坎伯兰（Cumberland）一路向西，最后成为美国40号公路的一部分。（马卡丹推广碎石道路铺设法，一说中文的"马路"一词就是"马卡丹道路"的简称；这里提及的这条马卡丹道路铺设于1830年代。）但马卡丹真正的贡献是发明更具成本效益的方法来建造这些道路——并加以推广。三层铺石，最细的铺在最上面压实，这个方法早在几十年前便由法国人特列赛杰（Pierre-Marie-Jérôme Trésaguet，1716—1796）设计出来。（特列赛杰在1764年左右发明双层铺路法。）或许对舌头来说，把这些路称为马卡丹道路就是简单一些吧。

会为他们亲眼所见的旅行速度快速变迁而感到吃惊。那是一个全新的世界。不过，也有衰退的一面。当人们越来越常搭乘火车、船旅行，越无人关注马路，到了19世纪中期，马路开始因辙痕而毁坏。这些马路变得只适合地区性运输——你从农场进城或造访几个小镇外的亲戚时会走的路。这种情况一直到两代后，人们对汽车的着迷已经根深蒂固，才开始逆转。

汽车一开始是以环保救主之姿受到众人欢呼喝采，因为汽车保证会根除马臭味、马粪招来的成群苍蝇和疾病，以及马蹄铁在市区铺路石上没完没了的噪声。在今天的洛杉矶和北京，大概很少人会认为汽车是"绿色"的——但汽车确实推动着我们的故事演变至今，如今的我们日复一日以每小时112千米的速度沿着高速公路向前猛扑。我们身体最快的速度是多少？在地面上是每小时290千米。那是欧洲、日本和中国子弹列车的速率。那也是笨重的巨无霸喷射机即将升空前的起飞速度。这是我们大多数人在地面运动所曾达到的最快速度。

在空中（立下第三座里程碑的旅行方法），说到速度就要提到喷射机了。美好的老波音747最有效率的常态航行速度为每小时1055千米。更新的巨型双层空中巴士稍慢一点，是每小时1040千米，和波音787一样。①

---

① 想知道你下一趟旅行可能会有多快吗？下面是其他的班机速度。波音777每小时飞1028千米、波音767每小时飞980千米，而许多商用喷射机——包括空中巴士A320、A310和到处可见的波音737–800——每小时飞956千米。如果你怀念旧日的驿马车经验，那就搭乘比较老旧但还算常见的波音737–300/400/500机型。它们仅以每小时906千米的速度从容不迫地往前飞。

　　不靠科技来推动身体的话，非意志所控制的运动是我们最快速的运动，而其中一种可谓臭名昭彰。不过，打喷嚏通常是从慢动作开始。打喷嚏这个反射动作的第一阶段，是随着化学或物理过敏物引发刺激而来的鼻子颤动。有时是由一种名为"光喷嚏反射"（photic sneeze reflex）——古怪的亮光反应所引发，比如人们看完午场电影出来，走进阳光下的时候。无论是什么引发的，一开始的奇怪的颤动逐渐增强，直到颤动的程度引爆更加活跃的第二阶段。

　　这是所谓的传出阶段，包括闭眼、突如其来且不受控制的深吸，然后一边紧闭喉咙、提高胸腔气压，一边把气吹出去。反射性地突然打开喉咙，释放出超新星级的急速气流，穿过嘴巴和鼻子，以爆炸性的方式把任何过敏物给排出去。

　　一次喷嚏能以高速释放出四万颗微粒。高速到底是什么速度？你在网络上会找到各种全然不同的速度数据，有些声称这是人体运动中唯一打破声障的。真相虽然离每小时1236千米（即声速）的成就还有一段距离，但还是令人印象深刻。电视节目《流言终结者》（*MythBusters*）针对打喷嚏进行过实际测量，他们的实验对象的速度最快是每小时62.8千米。在一所医疗机构中运用可信的设备，测到喷嚏的速度的最快纪录为每小时164千米。基于某种原因，吉尼斯世界纪录的最大喷嚏所列出的纪录比这个慢一点：每小时115千米。快是一定够快，算得上是最高速的人体运动。①

有一个存在已久的谜：打喷嚏的人为何在打喷嚏时闭上眼睛？最佳的推测是我们在保护眼睛免于细菌和特定物质的超快喷散。还有一种可能的原因：喷嚏是一种独一无二、牵动整个身体的反射动作。许多部位的肌肉会收缩——包括鼻子、喉咙、胃、横隔膜和背部。连括约肌都会收缩，这就是为什么膀胱比较弱的人打喷嚏时会有点漏尿。所以，在一个规模更大、独一无二的生理激烈反应展现过程中，闭眼只是其中一环而已。这一切全都源自脑部一个被称为"延髓"的原始区块，这个区块位于脑干，在其他打喷嚏方式和我们很像的许多动物身上都看得到。

所以，我们逃不出这个急急忙忙的宇宙，赖在床上也躲不开。

这个宇宙如影随形地跟着我们，在我们的头颅之内，也在我们的表皮之下。

---

① 我们身体在自然状态下动得最快的是哪个部位？这是个势均力敌的局面，竞争者只有两个。最好的棒球投手可以投掷出速度为每小时164千米的快速球，这意味着球出手的那一刻，投手自己的指尖在空气中的穿行速度就是那么快。这与历来最快的喷嚏纪录不相上下，形成平分"人类最高速度奖"的局面〔纪录上独占鳌头的最速球是在2010年投出，由当时辛辛那提红人队的后援左投查普曼（Aroldis Chapman）创造历史，投掷出大联盟正式比赛测速器所测到的最速球：每小时169千米〕。或许应该把奖项分成自主类和反射类才对。

第12章

地球上的液体

但老人河啊，

他就是一直滚滚向前。

——奥斯卡·汉默斯坦二世（Oscar Hammerstein II），

《老人河》（*Ol' Man River*），1927

●   ●   ●   ●   ●

这则报纸标题很可怕。

"五十四名移民在地中海船难悲剧中渴死。"

2012年7月11日发自日内瓦的这则报道详细叙述了一桩骇人的苦难。根据仅存的生还者阿贝斯·瑟托（Abbes Settou）的证词，当他们的充气船在地中海破裂时，近五十名试图到达意大利的非洲移民死于口渴。联合国难民署高级专员说，向海岸防卫队示警的渔民在突尼西亚外海发现了喝海水活命的瑟托攀着破船的残骸。该名生还者说，船上没有淡水，几天内就开始有人死掉，包括他的三个家人。

浸在水中渴死，这是最残酷、最讽刺的事了。

这也凸显出水极为重要。在我们周遭内外所有移动物体中，至关重要的就是水和空气——令人好奇的是，只有这两种必需品是透明的。

我们的身体有三分之二是水，我们的大脑主要由水组成。所以，这种脑袋喜欢看水的流动，就像我们出了神地望着河流、对瀑布赞叹不已。我们用水洗澡，动不动就跳进水里；水是假期的核心要素，假期绕着水而转。而且，和这颗阴阳行星上的一切事物一样，有时水会转过头来对付我们，可悲的是，我的侄女和瑟托学到了这一点。

滔天大水总是令人害怕。但无数个世纪以来，关于水，既有事实，也有虚构，彼此相争又齐头并进。直到19世纪有了像样的科学知识，挪亚的大洪水才从一字不假的真实变成纯粹的寓言。这种转变只有在以下这一点变得显而易见时才能成立：如果大气中每29.5毫升的水蒸气都凝结成雨水，只会让海平面仅上升2.5厘米而已。不需要用到方舟。尽管有挪亚的四十天大雨，洪水也绝不可能超出区域性的规模，当时、今日都是如此。

不过，水和人类之间的关联还是有可能比我们所猜想的更加深。有一种理论认为人类可能是一种在基因上与湖或海有所关联的水猿（aquatic ape），虽然人类学家普遍不采纳这种理论，但它或许能解释种种谜团，比如我们相对而言没有毛发，我们鼻子的大小以及为什么我们和其他灵长类不同，受惊吓时会倒抽一口气。①

　　不管怎么样，地球以水行星的型态存在，70%的地表是平均深度达3650米的液态，这在太阳系中是独一无二的。但这也合乎逻辑，因为H_2O是宇宙中最普遍的化合物。

　　这也完全可以理解。宇宙中最丰富的元素是氢、氦和氧，氦不和任何东西发生化学反应，所以把它从"最重要"的清单上划掉。而即便氧的普及度比氢少了1000倍，但氧总是热切地想加入派对——什么派对都行。所以，H–和–O的求爱仪式，以及没完没了的"交换戒指"，在时空的每一个角落一再重复，也就不用

---

　　①　水猿假说（aquatic ape hypothesis，AAH）指出，现代智人有许多非此无以解惑的特性，皆可从水中得到解释。这个假说是在1942年由德国病理学家威斯坦霍佛（Max Westenhöfer，1871—1957）最先提出，1960年又有英国海洋生物学家哈代（Alister Hardy，1896—1985）在未先得知的情况下提出。韦尔斯作家伊莱恩·摩根（Elaine Morgan）则在《水猿》（*The Aquatic Ape*）和《儿童的衍化》（*The Descent of the Child*）这类书中谆谆不倦地推广。

　　这一套推论认为，我们从热带草原起家时不光是猿类的一个小分支而已。我们是在海平面上升时期来到水滨地带（大概是在非洲东部），换一种说法，我们发觉陆地上的竞争太多，决定去湖泊或内陆水道寻找机会。或许我们的祖先当中有一个大群落在海面上升时期被困在某座岛上，必须学会在海滩生活、从海洋起家。

　　我们的祖先开始使用工具，因为他们需要撬开蛤蜊之类。我们花更多的时间待在海里，很快就失去外层的毛皮，因为没有毛发在水中比较有利。我们头上的头发还留着，或许是要让我们的小孩能在我们游泳时有东西可抓。我们的鼻子长得远比黑猩猩要长，这样当我们设法抬高头部就比较容易呼吸。我们的脂肪变成附着在皮肤底下，像海豚和鲸那样，而不是另外形成一层，像其他猿类和陆生哺乳类那样。

　　吃惊或吓到时，我们会倒吸一口气。为什么？猿类从不倒吸气。除非这是为了下潜而急吸一口气的残留遗绪，否则是说不通的。

　　水猿假说也解释了为什么我们这么迷恋水。其他猿类只有在有必要或对岸有食物时才会涉水，它们不喜欢水。我们喜欢：我们在湖滨、海畔度假，新生婴儿如果被抛进水中，本能就会做出正确动作而不溺水——至少不会马上溺水。（千万别试！）尽管古生物学家对于水猿假说大体上是漠视或不当一回事，但要是一个世纪后的学童关于我们的起源所学到的是这种解释，我也不会感到惊讶。

太大惊小怪。

望远镜中显示，水几乎是无处不在的。大多数的恒星都有蒸汽包覆。彗星就是尘冰球变成的百万英里蒸汽流，是令人惊叹的尾巴。土星环，自然界最壮观的景致之一，是由无数的普通冰块所构成。

问题是，水在零下273.15摄氏度（绝对零度）至0摄氏度之间保持冰冻——而宇宙的大部分都处于这个范围内。气态水、也就是蒸汽的维持温度范围更大，从100摄氏度至1482摄氏度，1482摄氏度时，水分子开始崩解。因此，冰和蒸汽在宇宙各处高举水的大旗。液态形式只在一个非常窄的区间内取得优势：0摄氏度至100摄氏度（华氏32度至华氏212度）。[①]

而即使温度正确也不足以让水维持其液体状态。虽然我们多半生活在0摄氏度至100摄氏度的温度下，已知地球平均温度为15摄氏度，但除非我们受压力作用，否则还是看不到液态水。在宇宙的部分地区——像是夏季时期的火星——存在够多的热，足以把水变成液体，但可以说是没有压力，所以H_2O在这颗红色行星上始终只能是蒸汽和冰。

地球大气的重量提供了所需的压力。降低压力，水很容易沸

---

① 液态水存在于华氏32度至华氏212度（0摄氏度至100摄氏度）这180度范围内，并非巧合。当华伦海特发明他的温标时，他想要以彼此相反的数字来代表冰和蒸气——他认为这是相反的物质状态。在圆或罗盘中，反方向、"向后转"就是从你的起点转180度。而且，两个地理极的所在相隔了纬度180度。经度也一样：从英国格林威治零度点到极东地或极西地的经度有180度。所以，华伦海特按所需尺度制作他的温标度数分级，这样180个华氏度才会标示出冰冻到沸腾的进程。至于为什么他选择一个这么古怪的数字作为水的冰点，这是因为他的零度是他所能制作的最冷液体温度——几近结冰的泥浆状盐水。他发现，从这里开始往上升高32度，就是淡水结冰的温度。

腾成气体。你只需要开车上山，就能自己证明这一点。你每爬升150米，沸点就大降约0.56摄氏度。所以，丹佛最烫的咖啡比波士顿最烫的咖啡凉了10度。在圣母峰顶，水很容易沸腾为蒸汽，以至于水的液温最高大约是71摄氏度，除非我们使用加压装置。假设航天员从宇宙飞船上拖来一桶水，要给杳无人迹的月表上一处装饰用的小水盆注满水，那么水会在剧烈沸腾的同时冻结成冰。[①]结果就是：一座奇形怪状的现代艺术雕塑品。

所以，H_2O常有，然而其液体形态罕见。但正是这东西，构成了我们这颗行星表面的大部分，以及观看这整个盛景的人类眼睛。我们周遭到处都是这种神奇的东西。

多达1.36×10^{18}立方米的水覆盖着地球。这其中，97.2%是海，0.65%左右是以淡水的湖、溪流、地下含水层和大气中的水蒸气与雾等形态存在，大约2%以冰的形态锁住。而这些液体全都做好移动的准备，一旦找到路，便蠕动着向行星中心逼近。第一步是从天而降，水流动的情景也就在所难免了。

水蒸气变成水滴降下，像这样通过空气持续不断循环的水量真的很庞大。一年当中，有38,494立方米的水落下成雨，如果能把这些雨全留在地表，将会形成覆盖全球近1.2米深的水层。这是我们全世界的年降雨量，这些雨必须有处可去。

雨水径流一开始是宽广的一大片，找到狭窄的隙缝或都市下

---

① 下面是另一个顶级的《危险边缘》型事实：月球是水可以同时结冰和沸腾的地方。

水道的沟渠就流进去。从此刻起，水要么渗进地下蓄水池，不然就沿渠道而流，这种渠道的宽度多变，从窄窄的小溪到亚马逊河都有。

小溪大河可以蹦蹦跳跳，每小时只前进0.8千米，也可以每小时40千米的速度竞比，不管在哪里都量不到比这更快的了。通常河的流速大约是步行的速度，平均值为每小时4.8千米。就算是尼罗河，在它著名的年度泛滥期间，也只不过是以每小时8千米的速度往北冲而已。

河流在容易溢流的泛滥期以势不可挡的态势制造破坏。水比空气稠密800倍，所以不管撞上什么东西，都能断然加以推移。仅0.3米深的水就能移动90千克重的物体。还有，溪流的侵蚀作用很大一部分源自沉在水中的颗粒把岸边给刮掉了——在流速快的情况下，这些颗粒可能是整颗的卵石。

大雨过后一定会有一连串的径流，一开始是在渠道内流动的窄窄细流，冲刷出河岸陡峭的V形溪床。过了一段时间，岸边遭侵蚀，渠道变成宽广且底部平坦的水道。在非洪泛期，溪流就在这个新近形成的河谷中央流动。

爱因斯坦似乎是第一个指出河流往往会遵循π的规律的人，也就是3.14159这个数，后面还有无尽位数。意思是取一条河从源头到入海的直线距离，去除这条河实际在地面上蜿蜒的里程数，就等于π。河流往往会自己造出一条多弯路径，因为即使最小的弯也会导致外侧流速变快。这又产生额外的侵蚀与更尖锐的转折，进而导致流速进一步加快、侵蚀加速，以及更加尖锐的扭曲（被移除的沉积物通常贮存在下一个转折的内侧，造就后续的河湾）。但有一种自然过程限制了水想要迂回曲折的渴望：弯得太过头会让河流一百八十度大转向，结果制造出牛轭湖而缩短了路程[①]。留给我们的是许多半圆形，以及3.14的整体值。你可以从空中或在地图上看到这种漂亮的景致。

弯道对直道之比，随每一条河流的情况而有所不同。最近似π的那种比值，在流经缓坡地形的河流处最常见。当河流在陡峭地形急泄而下，水势太快，π效应无法发挥。

我们希望在其他星球上也看到这种情形，除非没别的地方有河流。火星在数百万年前有流动的水，不过还没人确定这些流水是长期存在，还是只在倏忽即逝的急流事件中出现。火星表面的河道是久远年代残留的幽灵，有些看起来的确迂回曲折。距离密西西比河4光年以内仅见的液态水并非流动的水，而是地表下的巨大蓄水库。木星的卫星欧罗巴（Europa，木卫二）和土星的卫星恩克拉多斯（Enceladus，土卫二）拥有温暖、诱人的咸水海，这是因为上方有1.6千米厚冰层的重量和压力。

河流侵蚀、带走的沉积物一直增加，累积量大得惊人。有些含有溶解的固体，如盐类，但大部分是悬移质（suspended load），就是这种东西使得河流混浊。河流也输送所谓的推移质（bed load）——以滑动和滚动方式沿着渠道底部移动的物质。

仅一条密西西比河，每年便带走7.5亿吨物质入海。这其中有三分之二是悬移质（不意外，因为那条河以巧克力色出名），2

---

① 河道弯成Ω形状，开口两端因侵蚀作用而越来越接近，最后连通恢复直线河道，留下弯道成湖，形似牛轭故命名之。——译者注

亿吨是溶解质，5000万吨是推移质。

流速至关重要。水的动能（冲击力）随其速度平方而增大。所以当水的速度加倍，造成损害的动能升高4倍。在洪泛期，河流的速度很容易便能增为3倍——也就是说，从每小时3.2千米增为9.6千米——冲刷河岸的动能就乘上9倍，非常强大。这便是为什么洪泛期会发生这种一发不可收拾的破坏与地形改变。

地下水通常也会移动——在多孔岩石间蠕动，一天只有几英尺，钻缝隙则只有几英寸。专家评估，隐藏在地表下600米内的水相当于全世界河流和湖泊总和量的20倍。说起淡水，我们只不过瞄到冰山的一角。

对我们危害最大的也是水，尽管各种因运动所致的不幸事故只占美国一年死亡人数（242万）的5%。[1]

这些致命的意外事故大多是车祸或坠落之类的。总的来说，大自然可以辩称无罪。大自然所导致的致命事故全部加起来，也只占所有死因的千分之一。尽管如此，暴风雨猛烈到夸张的程度，而且我们之中确实有人被风和地震带走了，这样的事实确保了新闻标题与实际的危险程度不成比例。就近年来的常态而言，美国每年有100人死于水患——洪泛，而死于闪电的有65人、死于龙卷风及其他暴风的有75人。与此相比，死于车祸的有3.6万人。

---

[1] 除了年轻人之外，意外不再名列前三大死因，但意外死亡率有重大的性别差异。只有3.5%的女性死于非故意伤害，但男性的这项比率是6.5%。我很怀疑有谁会对此感到惊讶。

＊　＊　＊

　　就水的运动而言，在以往的作家们眼中，只有海值得一提。古人说七大洋，这个名称为英国小说家吉卜林（Rudyard Kipling，1865—1936）所用而家喻户晓。当然，因为所有海域彼此相连，其实只有一个全球之洋，但盐度、洋流及其他属性因地而异。

　　科学之外，是海的魔法。海似乎是为了令人谦卑而设计成这样的大小。尼安德塔人看着海水毫不倦怠地移动、鸣吼，凝视着波涛起伏，最后的人类亦将如此，而即使到了那时，其波动的力度也不会稍减。我们看不到空气移动、星系旋转或太阳胀缩脉动，但在这岸上，亚里士多德的"永恒运动"似乎不证自明。面对大海，无需诉诸理智。

　　海水以渴为刃，屠戮了许多人，这样的残虐真是吊诡。因绝望而喝海水，首先导致严重的痢疾，接着是神智错乱、脑部受损，最后死于肾衰竭。饮用盐含量超过1%的水，会使得血钠值和血压快速上升。身体的反应不是针对水，而是针对盐，肾脏只要用淡水就能把盐排除掉。距离以重量计的含盐3.5%可饮用标准，海水还差得远呢〔城市自来水的钠含量一般少于100 ppm（parts per million，0.0001％），法定的盐含量最大容许值是1000 ppm，也就是0.001％〕。（原文此处数字有误，应为0.1％。）

　　在蒸发量大而河流补充量小的水域（例如波斯湾和红海），盐度很容易达到4.2%。相反地，波罗的海淡水注入量大，只有2%是盐。因此，海洋盐度是河流活动另一项因其行动所致的结果。不过，闲话说得也够了，我们回头来谈谈海的"三大"推动力。

波浪、潮汐、洋流，每一种都规模浩大，每一种都能发出无穷的力量。

* * *

所有探查潮汐的地点没一个比得上加拿大滨海诸省的芬迪湾（Bay of Fundy）。我到此地，站在新斯科细亚省特鲁罗（Truro）镇外的河岸上亲身观察，鲑鱼河（Salmon River）的烂泥河床就在我下方18米处。在河床中央，一条30厘米深、不起眼的小溪向左朝着远处的河湾流去，接着应该就入海了吧，从这里看不到。一个富有创业精神的加拿大人在这处岬角上盖了一间餐厅，从观景窗朝下望，可以看到下面的多沙深渊。景致不多，不过这是世界上最令人叹为观止的地点之一。

这里是名闻遐迩的涌潮地点之一，至少在海洋爱好者和加拿大滨海诸省民众之间是名闻遐迩。我们这颗星球上只有几处地点有涌潮，这就是为什么大多数民众压根儿没听人用兴奋的语气说过"潮来了！"这句话。

世界知名的芬迪湾是个由宽而窄的形状，而且表层之下看不到的恰好是倾斜的海床，两者一起导引并放大了流入的潮水。大西洋的海水进入80千米宽的海湾，而收缩的形状迫使海水在行经240千米距离的过程中上升，因而在米纳斯海盆（Minas Basin）、新斯科细亚的沃尔夫维尔（Wolfville）附近，还有特鲁罗这儿及邻近几个地点，造成了真的很古怪的结果。

　　会发生这种情况，都是因为沿岸潮汐的平均范围是3米，这儿的海面却频繁地在36米的范围中起落。6层楼——这是6层楼的垂直高度。满潮时，我们看到船系在码头边漂着，模样正常。仅6小时后，这些船就一路往下，陷在下面18米处的泥巴里，古怪地暴露出码头的整个高度，相当于一座大型公寓建筑，笨拙地矗立着。就像在潮汐初期微弱无力却危机四伏的阶段，失去戒心的人受诱惑而陷入其掌握中，此时大海已经退得远远的，和旁观者之间隔着0.8千米的海藻、水洼和开心的海鸥。

　　世界各地的潮汐在月球和太阳对齐时波动比较剧烈，新月时两者在同侧，满月时在反侧。因此，一个月两次，海边小区会经历这种春潮。这个名称产生严重的误导，因为这和春天或任何季节都没有关系。名称的缘由已不可考，或许人们认为这就像泉水一样。在这段时间里，满潮时的海水逼近海边的木栈道，干潮时则露出平常看不到的整片泥沙地。这时候，采蛤蜊的人会查看他们的潮汐表，抓起桶和铲子出门。此时的海面通常会比潮汐平均值多个0.3、0.6米的起落。

　　但只有这里不是这样。芬迪湾奇异、复杂的水奇观根本无视每个月的太阳和月亮的对齐，这里的海在春潮期间几乎没什么变化。倒是在月球最接近地球时——每个月的近地点——芬迪湾的潮汐会变大。这种月距变动效应在其他地方影响都很小，在芬迪湾则影响甚大。这就是为什么在安排芬迪湾之旅前，如果你想亲眼看看最佳潮汐景观，先查看月球近地时间表才是明智之举。

我坐的地方是往内陆1.6千米处，完全看不到海的动静。然后，仿佛编排好了一样，人们开始鱼贯走出餐厅，站在高筑的河堤上。每一颗头都向左转，朝向0.8千米外的河湾。人们看着他们的表和智能手机，谈话中压低着嗓音，充满期待。

突然，涌潮来了。它像个活物般绕过河湾，从这岸漫向那岸，60厘米高的水墙现身，朝我们所在的位置推进。当它到达我们下方，因其浪潮迎头撞上流向相反的河水而发出怒吼，其动量带着混合在一起的水向右流。大海轻轻松松就赢了这场水的战争。涌潮继续向右流，直到消失在人们的视线之外。

这场秀还没结束。下一个小时，水继续流入河道，越来越高涨，这是海在利用低河床让自己前进，越来越深入内陆。我要离开时，水说不定有9米深，显示出正在快速行进，方向与我刚来时相反。

沿岸每一个小区都有自己特别的潮汐奇闻——尽管不像此地这般异乎寻常——因为潮汐通常错综复杂，没办法完全弄懂每一种。其源头主要来自月球，不过太阳也施加自己的潮汐力，比月球力的一半略小一些。

大多数人完全误解了眼前所见的潮汐。月球并非直接去拉动海水。如果月球真这么做，新世纪运动所信仰的月球拉力影响人类生命，可能真有点道理了——毕竟我们的身体有65%是水。但故事真正的发展以非常特殊的方式与月球的重力产生关联。因为我们坑坑洼洼的邻居如此靠近，而且因为潮汐力随地球与月球间的距离立方（不是平方）而变动，月球对地球面月一侧所施加的"拉力"比对远侧的要大。这种差异并不是导致潮汐效应的成因，差异本身就是潮汐效应。

潮汐效应并非重力，而是两个地点之间的重力差值。

这便是关键所在。因为当月球经过我们头顶，比起月球和你的头之间的距离，月球和你的脚之间的距离只不过多了1.5或1.8米，算不上是有效的差值。

但地球的12,875千米直径就不同了。那几乎是月球与地球间距的4%。所以，地球面月侧半球与反侧半球所受的月球力差值产生了些许力矩，结果导致海水上涨0.9米。①说到制造潮汐，几乎是月球说了算，这纯粹是因为月球太近了。事实上，太阳对我们施加的重力和拉力强人得多——比月球大上177倍。毕竟，太阳的质量要比月球大2700万倍。但因为太阳的所在如此遥远，它对我们这颗星球相反两侧的作用力根本没多大差别。而且——这一点再怎么强调都不嫌多——重要的是重力差，而非整个重力。

但潮汐古怪多变。在大溪地，根本没有因月球所致的潮汐。法属玻里尼西亚只经历过一天一次、微不足道的30厘米高的太阳潮汐。当因潮汐而隆起的水在不同海域四处游走，就会有摇动、振荡，大溪地碰巧位于转折点上。这就像拿着一浅盆的水，水很快前后晃荡起来。但盆子中央的水几乎不动。大溪地便坐落在太平洋的支点上。有些地方因港口或海湾的形状而难以推估潮汐抵

---

① 我只说位置约略在月球下方的是"0.9米"的潮汐隆起，但海岸地区由于当地海床较浅的效应，平均有1.5米的潮汐差。往外到了开阔海域，就是0.9米。

达的时间。[1]

洋流是海的第二种推动力。这些洋流是力量强大的海水河，影响甚大。海水连续移动，我们在海中游泳或行船时，大概都有感受到水平移动的洋流。有些洋流来而复去、随风转移，或是只影响海边一小块区域。但其他洋流因为赤道炎热气候与盛行风的影响，可以跑过整个半球许多地方。

洋流能以每小时0.8~9千米的速度四处流动——一般而言与河流流速相同。墨西哥湾流把温暖的水从加勒比海往上带到美国东岸，然后再到欧洲，是速度最快的洋流之一。加利福尼亚洋流就悠闲多了。这股洋流带着冷飕飕的阿拉斯加海水，经奥勒冈到旧金山，使得旧金山的海滩只适合海豹生存，不适于其他动物。同属慢速的还有名气响亮、寒冷的洪堡洋流，从南极往上移动到南美洲西岸，让企鹅逛街逛得比人们所以为的还更靠近赤道。

全球大约40%的热传递是由海面表层洋流引起的，深度一般来说不超过300米。这种洋流几乎都是由盛行风制造、引导的。

我们最后一种海的推动力是波浪——三种之中最明显可见的。这里也是一样，几乎所有能量都来自风。开放海域的波浪的

---

① 我居住的地方要从纽约市沿哈德逊河往上游160千米，海潮一路上都有办法以十足的力量向前迈进。满潮一打上曼哈顿，就以每小时27千米的速度往上游前进，花7小时到达我们这儿，这意味着当满潮位于上游，下游那座大城市正好经历下一波的干潮。虽然潮汐隆起以每小时27千米移动，但水本身不动。任何人看着垃圾在哈德逊河潮汐中漂浮，就像涌潮一样，都会看到垃圾随着潮来只缓慢向北前进，接着稍后又会观察到垃圾往南漂。在它终于把那个位置清干净之前，这个来来回回的过程可能会重复个几次。这就是为什么套着游泳圈的人从我这一区漂到下曼哈顿要花上126天——大约4个月走160千米。很少有通勤的人选择这种便宜的旅行方式。

高度通常介于1.5～4.5米之间，每小时跑72.5千米。重要的是，要记住，尽管波浪看似在动，但一滴滴个别的水并未移动，除了绕行几英寸宽的小小循环路径之外。一道波浪通过后，每一滴水大致都回到一开始的位置。我们观察漂浮的碎屑就能清楚看出这一点了。

海上的波浪一般来说有120米的跨距（波长），就一指定位置而言，每几秒钟便有一道波浪通过。就同一系列的连续波来说，波和波的间隔永不改变——有时长达9秒，但几乎从不超过9秒——这些波浪日复一日，以紧密一致的步伐横越广大的海洋。

当波浪抵达浅水区，这些步伐紧密一致的单调日子就到了尾声。一旦浪的波谷距海底的距离为波长的一半，摩擦力开始作用在波浪底部，让波浪渐渐慢下来。在此同时，动量依然带着浪的顶部以先前的速率往前。结果是波浪顶部升高的同时，也越来越往前倾。当陡峭程度的比值达到1：7（也就是波高为波长的七分之一），波浪无法自我支撑，浪就"碎了"。

碎浪所展现的威力之大，就不用我多说了。其无休无止、一再重复的痛击，已经超乎人类所能理解的范围。仅一道海浪就重好几千吨。在暴风雨期间，高涨浪涛的每一波冲击都能令地面颤动，无论受其撞击的材质为何（最好是不要太贵），每1平方英尺要承受1吨重的力。

不用说也猜得到，波浪现象在海啸时能达到令人叹为观止的极致。即使在我们这个时代，要不是2004年印度洋和2011年日本东北部令人痛心的事件有很多录像画面，海啸可能还是会被大家误解为一道向岸边移动迫近的潮汐波浪。现在应该很少人会犯这种错了。平均来说，正常的海浪以每小时72.5千米的速度前进，但海啸每小时移动805千米左右，和喷射飞行器不相上下。还有，撇开挪亚的故事不谈，古代世界对于大海有可能全然改变行径并夺走无数生命，似乎也是一无所知。

　　大约在公元前6000年的史前时代，挪威海确实遭受过一场猛烈的海啸蹂躏，但没有记录留存以警告中东、波斯和地中海文明提防海啸的破坏力。而希拉岛（Thera），在今天被称为圣托里尼（Santorini），几乎被公元前1650年左右的一次爆裂式火山喷发摧毁，这次喷发所制造的海啸如此猛烈，把克里特岛附近的先进

★每五秒至八秒便有波浪以每小时72.5千米的速度从开放海域而来，而且一旦高长比达到1：7，浪就"碎了"

米诺斯文明（Minoan civilization）给彻底抹除了。但千年之后，当基督教圣经写出部分章节，而古典希腊最早的思想家正在观察大自然，这件事也已被忘得一干二净了。千年，毕竟是段漫长的时间啊。

这种认知不足在公元前426年夏天有了改变，当时为伯罗奔尼撒战争做了武装的水手们，被一次中型海啸吓到了。古希腊历史学家修昔底德（Thucydides）在他为这场冲突战争所撰写的史书中，坦率地思索导致海洋行径如此怪异的可能原因，并且做出正确结论，认为必定是海底地震。他因而成为把固态土地与液态海洋两者的运动加以联结的第一人。

半个世纪后，公元前373年，一场海啸永久淹没了希腊的赫里克城（Helike），摧毁了它的人口，而当年50多岁的柏拉图或许因此得到灵感，玄想出他称之为"亚特兰提斯"的灭绝文明。但这大体上还算是一桩地区性事件。

738年后的情形就不是这样了。

公元365年7月21日，一场海底大地震，类似规模每隔几千年才会发生一次的地震，袭击了克里特岛到埃及一带的地中海东岸地区。虽然该地区所有人都感受到地面剧烈摇晃，却没有造成大范围的毁灭就结束了——除了克里特岛，没有人警告他们，一道惊人的百英尺水墙正向外辐射而出。我们回想2004年海啸的26米潮浪，造成印度尼西亚班达亚齐这些地方25万人死亡，或是2011年的23.5米高海啸，毁了日本福岛第一核电厂（因为尴尬的是，备援的柴油发电机设在地面层），我们就能理解，30米——十层楼高的水墙一定很可怕。

我们有一份公元365年海啸幸存者实际的目击记录。而且这不是随便一位幸存者，而是罗马历史学家马切利努斯（Ammianus Marcellinus），此人以其对所处时代的日常生活做精确、不加渲染的记录闻名。就是他，在一桩绝非日常的事件展开时惊愕地注视，又几乎不带感情地详细记录在他的巨著《往事记》（Res Gestae）第二十六卷里：

> 才刚破晓……整个坚实大地为之震动、颤抖，海水被驱离……海不见了，无底深渊没了遮蔽，形状繁多、种类各异的海洋生物因在黏湿泥秽中为人所见……那时，许多船只仿佛搁浅在干地上，人们随意游走……徒手捡拾鱼虾之属；接着，怒吼的大海……涨高后回流，穿过熙来攘往的浅水区，猛烈撞击岛屿和广袤的大陆，夷平城里无数建筑……由于大量的水在最出人意料之时回头，淹死了好几千人……大船遭到猛击狂推，栖上了屋顶……其他船则被抛到离岸近2英里处。

另一位历史学家修昔底德说："在我看来，如果不是地震，不可能发生这样的事。"

他不是完全正确的。任何一种大质量，像是陨石，击中了海域，都能移动够多的水而达到同样的效果。历来所记录到最大的波浪有惊人的525米高，大约比帝国大厦还高出50%，在1958年7月9日狂涌过阿拉斯加的利图亚湾（Lituya Bay）。这是史上最高的海啸。这场海啸的确是因地震而起，不过这地震并不是特别大，但震动把一大堆岩石给敲松了，这堆岩石俯冲900米、掉进吉尔伯特湾（Gilbert Inlet），移动了够多的水而制造出怪物级波浪。这种运动，光是它的规模就让人难以想象那样的画面。不管怎么说，每1立方英里的海有50亿吨重。

公元365年的海啸一路上摧毁了埃及亚历山大省的大片地区、克里特岛和利比亚滨海地带，并且溯尼罗河而上，把船只向内陆抛了3.2千米。地震使得克里特岛海岸从此升高了9米——至今仍是单一突发事件所造成的上升纪录保持者。这场日出海啸破坏力如此之大，亚力山大省把这一天定为"恐怖日"，每年都要做周年纪念——而且持续了两个世纪！一直到6世纪末才趋于沉寂而被遗忘。[1]

观察海浪是每个人都会做的闲暇消遣。海浪有许多很酷的特性，比如美国灵魂乐歌手奥蒂斯·瑞汀（Otis Redding，1941—1967）这些人，当他们"坐在海湾码头，看滚滚潮水远走"（瑞汀知名单曲《坐在海湾码头》的歌词），就曾一而再地察觉到。其中最受人喜爱的特性之一与绕射（diffraction）有关。开车经过山丘或建筑物附近时，打开车上的收音机，调频电台时有时无，而调幅的讯号稳定得多，我们这时所体验到的就是这种原理。这是由于电磁辐射绕着障碍物转弯——绕射。波长较长的，绕射较

---

[1]　相较于历史上令人悲痛的亚历山大海啸，2004年圣诞节的隔天，死于印度尼西亚强烈海啸的人或许还多了10倍，导致这场海啸发生的是一场释放出两万三千颗广岛原子弹的地震。但这场海啸会被纪念多久？即使才几年后的现在，在他们死于史上第六惨的自然灾难之后，我们有年年想到那22.8万人吗？这当然就要提到富于同情心的亚历山大人，他们一直鲜明地记忆着公元365年那场大灾变的受难者，超过200年之久。

稳定。调幅电台所发射的波比调频波段的长了好几百倍，所以这些波转弯绕过障碍物要容易得多，因而不像调频那么容易被障碍物阻挡。换言之，当我们收听间隔宽的调幅波时，不会那么容易掉进无线电的阴影里。

现在回头来讲海，海的波浪也很长——几百英尺——所以不容易被小障碍物挡住。仔细看看，波浪遇上灯塔小岛时，如何在小岛后方快速地再次合流并继续其路线。如果一波波的海浪彼此再贴近一点，在小岛后方就会有更大的"阴影"区，当中的海域永远平静无波。注意一下防波堤、码头和其他各种尺寸的障碍物，你可以看到进行中的绕射效应。

海的运动依然有很多谜团。例如，纽约市以南、远及佛罗里达州的海岸线上，有很多地方散布着堰洲岛（barrier island，亦称离岸沙洲）——与海岸平行的离岸低矮沙脊。海浪打在这些岛上，因而屏障了其后的平静潟湖，船夫们乐于享受几英里的受保护的航行，不用面对开放海域的狂风巨浪。

问题是：为什么堰洲岛不会消失？所有海岸线在大海和暴风雨无休无止的猛击下，都经历了大幅的地形变动。逻辑告诉我们，这些堰洲岛不可能一直维持下去。这些一直存在的岛就是个谜，但海洋学家不会因此而停止猜想。

会不会是碎浪把海底冲上来的沙一直往岸上堆，为这些岛储备生力军？这些岛上的沙比满潮线还高得多，所以必定是极强烈的暴风雨才能把沙储存在岛上。但这样的暴风雨大有可能把这些狭长、脆弱的岛给冲刷掉，所以，我们又回到原点。或者，这些岛说不定是巨型沙丘的残余，或许是上一次冰河期存留下来？

如果是，那么，说不定是这些岛和大陆之间的平静海域才需要解释——会不会这片海遮盖了与这些沙脊丘平行、在海面上升时沉没的一片低地？

光从这个例子——这种例子随便找都有好几百个——就能看出，关于运动威力强大的海洋与任其长期肆虐的海岸线之间的关系，即使是靠几个简单的方面也还无法确认。我们目前的科学，并非每次都能让我们对这永不落幕的水剧场有充分的理解。

有时，像我们之前的许多人那样，就只是"在海湾码头"坐着，看着海浪消磨时间，说不定会更好呢。

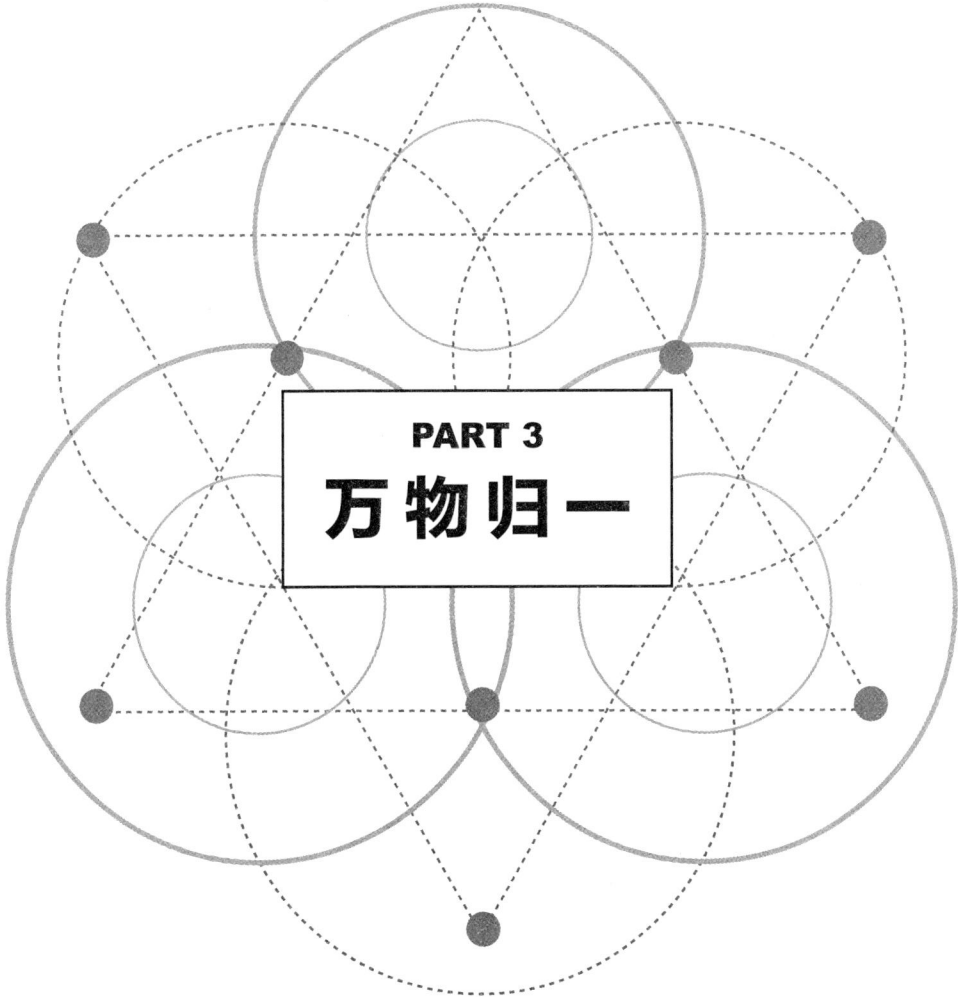

PART 3
万物归一

第13章

快速穿透我们身体的怪东西

我遇见一个不在那儿的男人……

——默恩斯（Hughes Mearns），《安提格尼施》
（*Antigonish*），1899

● ● ● ● ●

20世纪之前，大多数人都相信有鬼或灵魂。但古往今来，没人猜想过有看不见的微小之物从我们的身体直穿而过。表达这样一种信念会害你被扔进中世纪疯人院，那种地方大概连"中世纪农奴"都不准提吧。

这种看不见的东西是我们日常生活的一部分。这种东西并非全然无害，但我们也没办法加以去除，除非我们请房地产中介帮我们在矿坑深处找到一套不错的两房公寓。

故事从1800年开始。那年，德裔英籍天文学家赫歇耳（William Herschel，1738—1822）发现一种没人看得到的光。不可见光？如果真有什么东西是超乎意料之外，就是这个了。人类的宇宙演化模型中没有适合它的位置。若非赫歇耳是当时全世界最受敬重的科学家，因十九年前发现第一颗新行星天王星而名噪一时（也没人预见会发生这件事），这项发现想必会遭质疑且嗤之以鼻。

因为光可以视之为一股粒子流，所以我们可以正确无误地说，无以计数、看不到的弹丸持续不断地在我们周遭快速移动。话虽如此，我们最先知道的这种不可见光倒也不是都没被注意到。我们的皮肤以热的感觉侦测到赫歇耳的"产热射线"（后来被称为红外放射线）。太阳的放射线几乎有一半是红外线。所以，当我们看看周遭，可见与不可见的粒子不加区别地混合在一起，正从岩石和兔子身上发射出来。

你可以想象，热量移动得很慢，要花点时间才能让炒锅加温。但红外线借着加快分子的移动而在我们的皮肤上制造热能，这可是快如光速。当你们在冷飕飕的夜晚围在营火旁，就能体验到这一点。如果有个大块头走过面前，你马上感受到这个效应，因为不可见的红外线被那个人挡住而射不到你。他制造了红外线阴影。

赫歇耳的发现一年后，1801年，德国"天兵"里特（Johann Ritter，1776—1810）发现紫外光，却没有加以充分发表。他有一种习性，常会东拉西扯一些不相干的事物，比如，他相信有鬼，所以到最后不受重视、陷入贫困。他的发现一直到他死后才得到应有的评价——这倒也适得其所，一切荣耀归于他那甩脱肉身的灵魂。

就在那个世纪接近尾声时，事情有了更加令人不安的转变。1895年11月8日，另一个德国人伦琴（Wilhelm Röntgen，1845—

1923）发现了X射线。我们都知道，这些波或粒子触及皮肤时不会停下来。它们可以完全穿透我们的身体，虽然还是有很多被骨头或牙齿这类致密质料给吸收了。发现X射线两星期后，伦琴拍了史上第一批X光片，其中有他妻子安娜·贝尔塔（Anna Bertha）的手，妻子惊骇地瞪着自己的骨骸影像宣称："我看到了自己的死亡！"〔有鉴于当时还不知道X射线这类短波辐射潜在的致命性，而这种致命性到头来夺走了第一位两届诺贝尔奖得主居里夫人（Marie Curie，1867—1934）及车诺比和广岛等地数千条人命，安娜·贝塔的评论可以说有着诡异的先见之明。〕

1896年，荷兰物理学家洛伦兹（Hendrik Lorentz，1853—1928）假想有一种全然不同的不可见之快速物：史上第一种次原子粒子——电子，比2300年前，德谟克利图斯理论性提出的原子还要更小。洛伦兹已经比他之前的任何一位物理学家还要深入，并且想出了所有光的起源！他说，光之所以存在，纯粹是因为一种带负电的微小物体运动的结果。不久后，当电子正式被发现时，洛伦兹的先见之明为他赢得了1902年诺贝尔物理学奖。

这是一个寻找不可见之物的多产时代，发现的步伐丝毫没有减缓。同样在1896年，法国物理学家贝克勒（Henri Becquerel，1852—1908）被前一年伦琴发现X射线所引起的全球狂热给"扫"到了。贝克勒的兴趣在于发光物质，他认为铀盐之类的磷光物质晒过太阳后可能会发出X射线。然而，到了那年5月，他弄清楚了，铀所发出的是某种未知的新形态"辐射"——当时开始有这样的称呼。七年后的1903年，贝克勒获得诺贝尔物理学奖，接受贝克勒的想法并加以运用的皮耶·居里（Pierre Curie，

1859—1906）和居里夫人也共同获奖。

这对新婚夫妇迷上这些发出射线的物质，居里夫人称这种射线为铀射线。多年来观察这些奇特的岩石在底片上制造些许微光，居里夫人终于弄清楚，最强烈的辐射是从两种全新的元素里流出。她把第一种命名为钋（polonium），以纪念她的祖国波兰（Poland）；第二种被命名为镭（radium），单纯因其有辐射（radiate）反应。后面这种元素就像是她的小孩、她的心爱，她称之为"我漂亮的镭"，因为关于这东西在日后将以炽热的放射线致她及众人于死地，她连一丁点隐约的概念都没有。镭的放射性比铀还强3000倍。

所以，突如其来的是，此时的19世纪科学家发现五种成色各异的一群不可见之物，在我们周遭飞来飞去。

紫外线光子可以在海滩上灼烧我们，但打造皮肤癌登场的舞台也会做善事，甚至是至关重要的善事：身体被紫外线射中时会制造出维生素D。

在地球上，X射线很少会自然出现。

红外线随处可见，但不会有伤害。

电子也是。电子流应用在老式电视显像管并召唤出罗杰斯先生（Fred Rogers）和露西·里卡多（Lucy Ricardo），已经有好几十年了。①

但贝克勒和居里夫妇以铀和镭为射源的"辐射"，将来会

---

① 　前者为美国儿童电视节目《罗杰斯先生的邻居》主持人；后者为美国电视剧《我爱露西》女主角。——译者注

证明其危险性比较大且大很多，即便一开始，人们相信镭是有益健康的物质，是一种强身药（基于这个目的，镭被当成长生不老药，混合了气泡矿泉水来营销，并且以"返老还童药"的名号来兜售，有几百万瓶卖出也被喝掉了。接下来是数字和刻度盘会发光的镭表，大部分是由工厂里的年轻女性涂绘，这些女性在危险性得到确认之前便已身受可怕的早亡之害）。①

对看不见的虚无缥缈之物进行阴森可怕的探求，很快变得更加诡异骇人。1909年，德国物理学家伍尔夫（Theodor Wulf，1868—1946）发明了粒子探测器盖格计数器（Geiger counter）的前身——一种被称为验电器（electroscope）的仪器，这种仪器能发现密封容器内的原子是否正破封而出。这东西显示艾菲尔铁塔塔顶的辐射量比塔底还高。因为这没道理——放在塔顶的设备离地面的铀和镭放射源更远——没人看他的论文。但在1912年8月7日，奥地利物理学家赫斯（Victor Hess，1883—1964）自己一个人拿着改良版的验电器，搭氢气球到空中5300米处，验电器显示辐射量是地面的2倍强。他正确地归因于外层空间的辐射源。

赫斯很快排除了太阳所致的可能性：他在太阳的入射能量几乎全被月球挡住的日食期间放了一颗气球。他也冒着危险在夜间进行了几次飞行。结论令人惊讶，但也令人不安。他宣布："一种具有甚大穿透力的辐射从上空进入我们的大气层。"因为这项发现——至今仍是笼罩在飞行员头上、与日俱增的不祥阴影，也

---

① 研究人员终于了解，镭辐射大部分以阿尔法粒子的形式出现。这是两个质子和两个中子组成的重粒子团，移动慢到连皮肤都无法穿透。真正的问题出现在镭被吸入或吞入之后。到时候，镭会被骨头吸收，其阿尔法放射会稳定地轰炸并摧毁骨髓。

对未来人类在其他星球的殖民地造成严重危害——赫斯获得1936年诺贝尔物理学奖。①

真是惊人的巧合，赫斯的气球飞行正好一个世纪后，2012年8月7日，刚登陆的火星漫游车"好奇号"（Curiosity）首度在另一颗行星上测量这种辐射。

物理学家一开始相信这些不可见的外层空间入侵者是某种波，是一种电磁现象，这就是为什么当时会——至今大致仍是——称之为宇宙射线。这两组字眼都会激发科幻式惊悚，隐约暗示着来自外星的怪异危险，"宇宙射线"因而荣膺最吓人、说不定也最酷的高速飞驰微物的名号。

但它们根本不是射线，它们并不是某种形式的光。它们的入射路径因我们的行星磁场而弯折，而光从未因磁性而改变方向。宇宙射线根本不可能如X射线般是另一种电磁现象。二次大战开始前，所有人都明白了，这些东西一定是带电粒子，就像铀和镭流出来（如我们最终所确认）的那些东西。

真相、结局，既强而有力，也虎头蛇尾。宇宙射线主要是质子。寻常、清淡香草口味的质子，也就是氢原子核，在每一个原子的核心都能找到的带正电粒子。这些质子在超新星爆炸时弹出，像无家可归、高速飞驰的莽汉在宇宙中流浪。

但为什么这种入射物质有90%是质子呢？为什么其中只包括一小撮可以忽略不计的电子（1%）？宇宙中的电子可是和质子

---

① 获得诺贝尔奖之后，赫斯在1938年与犹太裔妻子迁居美国，以避纳粹迫害。他随即成为福特汉姆大学（Fordham University）的物理学教授，住在纽约州弗农山市（Mount Vernon）的一间公寓里，直到1964年过世。

一样多哟。为什么电子出现的比率这么低？

由于太过偏重质子的组成不合逻辑，加上其中一小部分以快得令人不知所措的近光速呼啸进入我们的大气层，阴森可怕恰如其名的宇宙射线因而令人困惑至今。宇宙射线甚至还含有些许反物质。

质子比电子重1836倍，所以不管击中什么，撞击力都非同小可。幸好，我们的大气层和磁场挡下了其中的大部分。你和我经常被穿透，但主要是航天员才有医疗上的问题，这就是为什么二十七位阿波罗探险家每分钟都能看到几乎可以以假乱真的明亮光线横过他们的视野，因为质子急速穿过了他们的脑部。

而且，就像打撞球一样，质子通常会撞击56千米高空的空气原子，敲出一些更小的组成物质，像瀑布一般洒下来。这些东西的其中一种是缈子（muon），缈子衰变很快，但在穿透我们可怜如针垫般的身体之前还不至于迅速衰变。

我们每个人每秒钟至少会被200个缈子快速穿过。缈子比电子重208倍，所以要是撞穿并改变我们其中一个染色体内的一个基因，就不是完全无害了。只要你住在地底下，像电影《黑客任务》中的锡安城这种地方，就能避开缈子。缈子所引发的突变使得动植物不断演化，有助于解释今天的猫和包心菜为何看起来不同于一亿年前的类似物种。

这下清楚了：我们持续不断受到许多相异的不可见粒子和波撞击并穿透。其中有些会造成伤害。如果这令你忧虑，而且你把这种担心告诉了心理治疗师，那么他会建议你定期找他报到。这时候，或许你可以提议往后的疗程在地下停车场进行。

　　时至今日，"辐射"这个通用词可以指任何一种不可见的高速微粒，但通常这个字眼只用于那些可导致基因缺陷和癌症之物。这包括短波，像是X射线和γ马射线，以及固体粒子，像是宇宙射线的质子和分量更重的阿尔法粒子。

　　宇宙中充斥着辐射，无处不在。从地面往上，从天空往下。大多数人对此毫无察觉，甚至不知道辐射是什么。他们不了解其危险性，但我们很容易就能算出我们每人每年的辐射暴露量。[①]

　　我们是以毫仑目（millirem，mrem）为单位来测量暴露量。除了那些定期接受医疗计算机断层扫描的人之外，一般人一年接受360毫仑目辐射，其中82%来自天然辐射源——即便我们远离所有健康食品店。这种辐射要为人类普遍染患的某些自发性肿瘤负责。

　　我们的大气层挡下了其中一些辐射，但你住的地方越高，接受的辐射越多。

　　话虽如此，令人好奇的是，西藏人和秘鲁人一辈子都住在高纬度地区，因而所接受的辐射比新泽西州纽瓦克的人多得多，但

<hr />

　　① 物理学家把一般的光称为"电磁辐射"，但这种辐射没有一点害处。每当我们打开墙上开关时，不会有被射死的危险。像我们肉眼所见的这种长波光，以及我们的皮肤所能感受到的远红外线，不会对原子造成伤害。可见光、无线电波、Wi-Fi，甚至是微波，不会伤及基因、导致癌症。住在手机基地台旁，意味着不可见的微波以光速飞穿你，让你体内的所有原子颤动。这会稍微加热身体组织，但不会打破原子或形成肿瘤。（但对你可能还是不好哟！）相对之下，γ射线和X射线的短波真的会使原子解体。这就是"离子化辐射"，会破坏基因的那种坏辐射。重且快速运动的次原子粒子，像是中子和质子，也会摧毁原子，所以常被称为辐射，尽管它们是粒子而非能量波。不过，反正其间区别模糊不明，因为所有的物质都有像波的那一面。

罹患白血病的比率并没有增加。2006年法国一项大型研究显示，居住在核电厂附近的孩童罹患癌症的病例并未增加。不过，这些都是比较小的辐射源。这些辐射源比我们下面会谈到的"前三大"小了1万倍。

如果你对这种高速微粒一下子穿过你最喜欢的器官感到担忧，可以用下列方法来计算你个人每年的辐射暴露量。

首先是大剂量的辐射：

赏你自己26毫仑目，只因为你住在地球表面。

你的房屋高度每增加300米，辐射暴露量就增加5毫仑目。如果你住在丹佛，要增加25毫仑目，因为你更靠近那些宇宙射线。

你家是石造、砖造或混凝土造？只要不是木构造，就加7毫仑目。这些材质带有些微辐射性。你的房地产中介大概从没提过这一点吧。

你有地下室吗？如果有氡气的存在，至少要加250毫仑目；这是货真价实的大剂量数据。一般屋主最主要的年辐射量就是这样来的——从氡气中来的。这是你所能碰到密度最高的气体，因此它喜欢在你最底层的地板上聚积。它也是唯一一种只含放射性同位素的气体，所以，无庸置疑，这对健康是一种危害。

氡在铀和钍衰变时产生，而这些元素存在于很多房屋底下。有一件事很怪：氡气本身衰变会产生永为固态的放射性新元素。这些元素附着在空气中的尘埃微粒上，然后被吸进肺部。这是仅次于吸烟的肺癌的最大单一病因。但有的房屋完全没有这东西，有一种平价检测可以让你弄清楚。在确实有氡射出的地下室里，氡会通常累积，不过，利用排风扇很容易就能解决。

因为你从食物和水得到的辐射，加40毫仑目。这无法避免。

赏你自己50毫仑目，因为你自己体内放射出天然辐射——例如钾，如果你喜欢香蕉的话。哎呀！光吃一根香蕉，你所受到的辐射比那些住在核电厂旁的朋友一整年所得到的还多。

20世纪50年代，那些核测试把辐射残留在空气中，加1毫仑目。这也是无法避免的。你知道，那些混蛋一直是拿每个人的后代的未来健康在乱搞。我们就是那些后代。

接着是你能够避免的主要辐射源：

你每旅行1600千米就加1毫仑目。光是华盛顿到洛杉矶往返一趟便让你得到6毫仑目。这就是为什么每天接受这种辐射的专业机长和机组人员患癌概率比其他人高1%。他们的概率是每100人有23个病例，全体人口则是22。他们没把这一点告诉正在上飞行课的未来机长。

你每照一次医疗X光，加40毫仑目。

做一次全身计算机断层扫描，要加上惊人的1000～5000毫仑目。有些机器所发出的辐射多达10,000毫仑目。在美国，每年进行6200万次计算机断层扫描，这大概已经取代氡，成为我们最大的单一辐射源。一次计算机断层扫描带给你的辐射，比广岛原爆点到1.6千米或3.2千米处的幸存者所受辐射（平均约3000毫仑目）还多。根据可靠的估计，美国大约有2%的癌症是计算机断层扫描辐射所造成的。

如果你看的是老式显像管机型的电视，再加1毫仑目。

检测你家地下室有无氡气，有必要的话安装排风扇，并且问你的医生，X光是不是可以得到和计算机断层扫描一样的效果，这些显然是大幅降低你辐射暴露量的最简单作法。避免不必要的商务飞行，可以再多降低一些。这提供了实际可用的理由，让你不去拜访妻子娘家那边的亲戚。

最后是一年带给你不到1毫仑目的较小辐射源，按剂量由多到少的顺序出场。这些是你真的可以不去管它的项目：

看计算机屏幕：0.1毫仑目。

戴液晶显示表：0.06毫仑目。

住在距离燃煤电厂80千米内：0.03毫仑目（那是因为煤和煤烟带有些许辐射性）。

屋内有两具烟雾侦测器：0.02毫仑目。

住在距离核电厂80千米内：0.009毫仑目。

行李接受X光检查一次：0.002毫仑目。

通过机场安检的背向散射式X光扫描机：0.01毫仑目。

这种超低剂量到底会不会产生伤害？梅约医学中心（Mayo Clinic）、保健物理学会（Health Physics Society）和大多数的流行病学家都相信有一个门槛，低于这个门槛的辐射就像爆米花一样温和。有些科学家对此则有不同见解，他们相信，1毫仑目这么低的剂量程度，也有可能产生某种每四千万人就有一人死于癌症之类的微小效应。不过，连这群自寻烦恼的少数派也同意，两具烟雾侦测器或住在核电厂附近所涉及的风险如此之低，根本没有什么危险（当然，意外事故除外）。

如果辐射令你担忧，那么，不要妄想搬到火星上去。殖民火星的人在两年内所受的辐射可能足以摧毁他们13％的脑部，也有人说是40％。

辐射和其他次原子粒子、光子不是唯一飞穿我们的事物，另有一项更为要紧，能压倒一切。的确，宇宙中为数最众之物，除了光本身之外，就只有微中子（neutrino，也译作中微子）。

微中子无所不在，一如蟑螂之于里约热内卢。我们每个人的舌头每秒钟有两兆微中子穿过。舌头不觉得有味道呀？那是因为微中子很少碰到我们的身体。尽管微中子以奔流不止、漫山遍野之势出现，但倒是全然无害。

科学家在80年前预测微了中子的存在，用以解释原子的古怪行为，这种行为牵涉到与微中子名称相似的中子（neutron）。别把两者搞混了。中子存在于所有原子的中心，除了氢的最普遍形态之外（只有一个质子、没有中子的氢）。中子是最重的稳定粒子，而且长生不灭。不过这里有点古怪：中子要是离开原子核，就毁了。它接下来会在大约11分钟内衰变掉。

不受束缚的中子失控且难以预料，"噗"地就不见了，转变成一个质子和一个电子。这种微粒一闪而逝的样子怪怪的，好比有瑕疵的烟火，使得奥地利理论物理学家泡利（Wolfgang Pauli，1900—1958）在1930年认定必然另有某种东西存在，某种几乎没有重量的东西。这个神秘的东西不久后被命名为微中子，意思是"微小的中性之物"。经过四分之一个世纪，微中子的存在终于得到证实。这是科学的胜利，也是解脱，因为在恒星赖以发光的核融合过程中，微中子早就在理论上占有重要的地位。太阳核心释放出无数微中子，这些微中子基本上是以光速飞快远离，而且不和其他任何事物产生交互作用，至少不是以一般的方式。它们可以穿透一切事物。

　　白天，来自太阳的微中子穿透你的头和肩膀，一瞬间完全穿过你的身体，然后继续往前射入并穿透我们的行星，再从另外一边出来。晚上，数量相同的微中子从下方入侵你的身体、穿过你的头部离开，而在此之前，微中子在二十分之一秒内快闪穿透整个地球，仿佛我们这颗行星没有比雾气扎实多少。

　　微中子要在一年之内影响你身体七千兆兆个原子当中的一个，概率也只有百万分之一。平均来说，你需要1光年厚的铅墙才拦得住微中子。①

　　近来我们已经发现，微中子甚至比我们想象的更怪。这要归功于美国物理学家戴维斯〔Raymond（Ray）Davis, Jr., 1914—2006〕，他最先想出要如何计算这些幽灵粒子。他所用的装置是一大缸38万升干洗溶剂。戴维斯把这东西放在南达科他州霍姆斯戴克（Homestake）废金矿内地下1.6千米处，只有微中子能透入，连蝙蝠都到不了。他估算，45万千克重的全氯乙烯所含的氯，多到偶尔会有一个被微中子转变成氩的一种形态。4个月后，他使出浑身解数，总算侦测到六个微中子的踪迹——微中子扰及任何人或任何事物，即使是无数兆个原子当中的一个，其程度就是这么少。那是在40年前。戴维斯脑力劳动的成果确实有用，让他在过世前四年赢得了2002年的诺贝尔奖。

---

　　① 有一个可信的引用资料出处说，1光年厚的铅墙太过火了，你只要一团从太阳延伸到土星的水，应该就能挡下一般的微中子。那比1光年窄了6400倍，而且原料的取得也便宜许多，即使还是不可能在亚马逊网站上订购。不管是哪一种方法，捕捉微中子都不是什么你随随便便就能办到的事。

微中子有三种不同的种类，穿越空间时会从一种形态转变成另一种形态。但不变的是，它们无所不在。每秒钟有一兆个微中子穿过你的大拇指指甲，但因为正常状况下，微中子不会对一般的重子物质（baryonic matter）产生影响，所以不会导致基因突变乃至癌症。它们就像尘螨一样，是我们的无害睡伴，但没有人会对微中子过敏。

此刻正在撞击你的不可见快速物体速览表

……以及它们究竟是安全（S）、有害（H），或只是造成轻微风险（SR）

红外光光子	S
紫外光光子	SR
电子	S
宇宙射线	SR
微中子	S
缈子	SR
暗物质	S
阿尔法粒子（例如氦）	H

从心理学的观点来看，微中子替最近才确立的不可见之物预先打好了底：暗物质，我们最终的疾驰魅影。这是当今最神秘的物质。

从1933年起，事情就明摆着：宇宙中除了所有恒星、星云、黑洞、行星、起司汉堡及我们想得到的每一样东西加起来，另外还有多上6倍的物质。这些物质使得银河系以奇怪的方式旋转，并黏合本星系群的星系。其重力的拉力强大，但却不可见，我们称此种物质为"暗物质"。暗物质的每一种粒子皆必为数甚众。[①]

由于宇宙经确认充斥着"说变就变"、几乎不影响任何事物的微中子，暗物质可能只是分量比较重的微中子。但因为暗物质不发光、甚至不反射光，势必对电子毫无影响。

在智利山巅的那个晚上，我目睹天文学家对暗物质的迷恋。我看着天文物理学家马道尔皱起眉头，研究他刚刚用百英寸望远镜拍下的一幅照片——无法用逻辑解释那个星系的特征。

"我们还是不了解星系周边这些暗物质环带，"马道尔嘟囔着对我说，"看看这些参差不齐的边缘，"他一边说，一边用手指弹着照片上外围的部分："这是什么造成的？为什么这雾直往外飞进星系间的太空？是什么导致这样的运动？"

最后他耸了耸肩膀。

"我据我所学的猜想，是暗物质。"

暗物质似乎遍及宇宙各处。暗物质甚至可能潜伏在我们家的房间里、我们周遭的空气中，但肉眼不可见。2012年进行的一项研究显示，暗物质不受限于星系之内，而是渗进星系之间似乎空

---

① 生命的通则是：会动的东西只要不攻击我们，只要不是很多，通常都会讨人喜欢。两只鸟在窗外唧唧啾啾，开心；两千只的鸟群，有点像是希区考克电影里跑出来的东西。窗台上的一只瓢虫，漂亮；出现一千只，这就需要采取防治作为了。松鼠、花栗鼠、蚂蚁，甚至是肠内菌丛：我们希望这些运动中的同伴限量出现就好。不过，微中子，很可能还有暗物质，以无法想象的数目持续渗透我们，但它们不会"破坏人际关系"，因为它们不只是不可见而已：它们也不会多管闲事。

无一物的太空中。暗物质可以是无所不在。2012年另一项研究揭露，暗物质密布于太阳及其邻近恒星附近的区域。

对暗物质的侦测并非依其外观——因为它没有任何外观——而是依据它对邻近事物做了什么。暗物质的重力吸引作用黏合了星系团，使其组成分子不会各自流浪天涯。

马道尔再次盯着影像看。"但说不定当重力与它正在拉扯的那个什么东西距离遥远时，本身就会有怪异的反应。所以，也许根本没有暗物质。我的意思是，这会儿怎没看到奥卡姆的剃刀（Occam's razor）呢？"他下了结论，而这个结论援引了"最简单的解释通常就是正确的解释"这个原则。

但哪一个才是最简单的？是长距离重力行为诡异这个想法，也就是所谓牛顿动力学修正（Modified Newtonian Dynamics，MOND）这个只获少数研究人员拥戴的理论？或是奇异的新形态物质这个概念？马道尔大声叹了口气问道："你选哪一个，难以成立的或是新奇怪异的？"

我们的身体、我们的星球，其实是每个角落的每个原子，大半由全然的空洞所构成。如果把宇宙压缩、移除其中所有的空间，你就可以把存在的一切事物挤进一颗比猎户座参宿四这种超巨星还小的球里。想象我们体内这些开阔空间可以容许其他领域的生物或物体共存其中，也不尽然是牵强附会。说不定——且让我们凭空想象一下——有意识之物在我们日常生活中倏忽穿梭好似鬼魂一般，对我们的存在浑然不觉，犹如我们感知不到它们的存在。

2012年至2013年的一些近期研究关注于我们银河系中的"晕

族恒星"（halo star）——那些高踞于绝大多数太阳所在平面上方的恒星——这些研究显示，似乎没有任何东西在拉扯这些晕族星。而这些区位正是被认为由暗物质所支配的地方。另外，针对星系团这些遥远的庞然大物的运动所进行的研究，确实指向有暗物质存在。简而言之，现今所掌握的证据令人左右为难且相互抵触。而且，和其他把我们的身体当成瑞士起司般不断穿梭来去的快速物体不同的是，暗物质尚未有明确定义：我们还没法说出它是个什么东西。

也许，还是不知道比较好吧。

第14章

定格杀人犯

大声不代表什么。通常呢，只下一颗蛋的母鸡会"咯咯咯"地叫得好像她下出了一颗小行星。

——马克·吐温（Mark Twain），《赤道漫游记》（*Following The Equator*），1897

● ● ● ● ●

　　微风、蟋蟀、熔岩、消化作用、绕行旋转的月亮、蜂鸟、飞沙——在人们熟知的时间框架中所展现的运动，我们大概已经探讨过了。甚至，我们看得到的东西，是在打造出"科学"一词之前便已察知的事物。但打从古希腊人起，早在定格摄影年代之前很久，观察家们便已经开始越来越着迷于超快速之物。就像蜂鸟的翅膀一分钟拍打1250下，这类事情与其说是神秘，不如说是快到不可见的程度。

　　人们是借着遗留的事物而得知有这些事件。说不定是一阵嗡鸣声，如蚊子拍打翅膀，或是一道模糊的影子，标识出某种快到看不见、引人好奇的动作外缘。①

　　这一未被察知的世界一开始便掳获人心，因为它牵涉到被许多文化推崇为人类和动物最渴望的特质——速度。在希腊人指认过的所有星座动物中，真的存在、速度最快的——相对于飞马这类神话动物——是大犬。根据传说，大犬座催动速度的腿，让它与那头号称世界最快动物的狐狸进行史诗级竞速赛时获胜。宙斯因那次胜利而把这只狗化为天上的不死之身（如果来一场真实的狐狗竞速，结果应该是势均力敌到得靠终点照相才能分出胜负——两者的速度纪录分别是每小时67.5千米和70.8千米）。②

　　模糊的腿和翅膀，以及其他快速穿梭的事物，引起了文艺复兴时代科学家的好奇心。一些科学家拼了命想研究这一不可见领域的速度。有的在眼前快速挥动手指，制造出简陋的"定格"频闪效果，还真能显现出飞行中的蜂鸟翅膀，即使蜂鸟翅膀一秒钟拍打20次。如果你在转动中的电扇前试着这么做，并改变你挥手的速率直到完全合拍，真的就能冻结模糊的影像，清楚看到一片片的扇叶。③

　　到了19世纪后期，更繁复的技术终于开始揭露自然界的

---

　　① 蜂鸟的双面性——你一下看见，一下又没看见——加上赏心悦目的色彩，使得某些古代文明为之着迷。阿兹特克神祇维齐洛波奇特利（Huitzilopochtli，意即"左边的蜂鸟"）通常被画成一只蜂鸟，蜂鸟轮廓也出现在著名的秘鲁纳兹卡线之中。

　　② 希腊人借搬弄他们的神话图卡，为生物创造出想象中的可能运动方式。比方说，人首马身所产生的组合，以某种方式发挥各自的优点。我最喜欢的这类混种生物是伍迪·艾伦所想象出来的，这种生物有狮子的头，还有狮子的身体——来自不同的狮子。

　　③ 哥伦比亚大学天文物理系前系主任赫尔方（David Helfand）告诉我，他曾运用挥动手指的技巧"冻结"蟹状星云中心著名的脉冲星并进行观察。该星每秒明暗闪烁30次，远远超过一个人的知觉能力，只能被当成稳定光源。但赫尔方借助在望远镜目镜前快速摆荡他的手——做出像扇叶那样的运动——而使之闪烁。低科技，但有效。

高速之秘。时至今日，只剩一人仍因解开这类不可见运动之秘而为世人所知。他就是如今以埃德沃德·迈布里奇（Eadweard Muybridge，1830—1904）之名传世的那位才华洋溢的大胡子。

迈布里奇1878年快马奔驰的连续照片以重复回路的方式表现，是19世纪最出名的"动画"（movie，即moving picture的组合字）。将原先快到无法察知的动作"减速"，这组照片解决了长久以来关于马如何奔跑的争论。这是19世纪70年代令人心烦的话题之一，而不论在都市或乡村，这种当时随处可见的动物都是最显眼的风景。

以爱德华·马格里奇（Edward Muggeridge）之名在英格兰诞生，这位很古怪、不讨喜的知名人士，自从1855年、25岁那一年移民旧金山之后，就不断改名。他一开始说自己姓迈哥里奇（Muygridge），后来把名字改为埃德沃德，却在自己所有照片上署名"赫利俄斯"（Helios，希腊神话泰坦诸神中的太阳神）。不仅如此，当他到了美国以南的国家拍摄照片时，坚称自己叫作爱德华多·圣地亚哥〔Eduardo Santiago，不过，他的墓碑上写的又是另一个名字，叫作埃德沃德·梅布里奇（Eadweard Maybridge），所以即使到了今天，我们还是不知道该用哪一个名字称呼他〕。

他一开始从事的工作是书籍贩卖和代理英国一家出版公司，当时旧金山有几十家书店，摄影工作室差不多也有几十家。他的生命在1860年夏天有了变化，当时他原本打算取道南方、跨越大陆前往纽约，展开一场返英之旅。然而，这趟旅程在德州画下惨烈的句点。

迈布里奇在一场撞得粉碎的驿马车中重伤了头部，同车有一人死亡，其他人也伤势严重。他花了三个月在阿肯色州接受治疗，醒来后对自己的前半生毫无记忆：他的记忆在这一刻全新开始。

接下来这一整年，他都在纽约继续治疗模糊的视力。他的味觉和嗅觉也受到永久性损伤，并表现出古怪、情绪化且异常的行为。有些传记作家因而声称，他的大脑额叶皮质层明显受损，其实是让他从压抑中解放出来，为运动相关摄影的突破做准备，最后使他声名大噪。

他最后终于继续他的英国之旅，在那儿接受进一步的治疗。迈布里奇在英国研究最新的摄影技巧——并加以改良。他很快获得两项与照相有关的发明专利。

1867年，他重返旧金山时，不再是出版代理商、书商，而是拥有朋辈前所未见的尖端技术与艺术天分的专业摄影家。他很快就声名远播。

他的重大契机在1872年到来。当时，前加州州长、家财万贯的赛马主斯坦福（Leland Stanford，1824—1893）要求迈布里奇进行一项非常特殊的摄影研究。这关系到赛马圈一个争论不休的话题：马在小跑或疾驰时，四只脚到底有没有同时离地过？

没有人能单凭目视就分辨出来。当时的艺术家笔下的疾驰快马或是单脚着地，或是四蹄同时凌空——通常是两只前腿往前伸而两只后腿往后蹬。斯坦福想要一个斩钉截铁的答案。他拿出一笔可观的金额给迈布里奇，前提是他要能解决这项争论。

迈布里奇可不是傻瓜。1878年，他在赛道沿线边上布置了许多玻璃感光板相机，拍下一组连续照片。马通过赛道时踢到接上快门的线，就会依序一一启动相机。麦布里奇在相机后方挂上白板，为这些定格动作的短暂曝光期间提供最大反射光量。后来，他把这些剪影照片集中放在一个适合放在桌面的转盘上，观者透过一道细缝看着转盘，一次看一张照片。这东西让我们看到的是流畅动作的惊人幻觉。迈布里奇将发明的这项装置称之为动物实态观察镜（zoopraxiscope）。

这东西不只清楚显露出奔马的步态，还风靡一时、蔚为时尚。《科学人》杂志做了一篇报道，把迈布里奇说成是现代牛顿（这项装置在开创性方面的历史评价如此之高，以致在发明百周年纪念的2012年，Google还专为这个"动画"做了一个连续回放的Google Doodle）。

这段动画没多久有了个片名，叫作《运动中的马》〔*The Horse in Motion*，或是另一个名称，《奔驰中的莎莉·加德纳》（*Sallie Gardner at a Gallop*）（莎莉·加德纳是那匹马的名字）〕。此片不仅是世界上第一部电影，而且此例一开，其他定格影像如潮水般涌现，打开了超快速物理事件隐藏、模糊的世界。动物实态观察镜正是爱迪生第一部商用观影机组——活动影像观赏机（kinetoscope）——的主要灵感来源。

至于马的步态争论，迈布里奇的连续照片不只显示出奔驰中的马会四足同时离地，而且此一完全凌空的时刻并非发生在马腿向前、向后伸展之时，如18、19世纪画师所描绘那般。马只有在它的四条腿全都收拢在其身体下方时才会完全凌空，也就是在它从前腿"拉"转成后腿"推"的过渡时刻。

有了这个，加上迈布里奇后来制作的高速连续照片，像是著名的野牛慢跑"动画"，他和我们的故事之间的关联大概就有了定论，只不过他在旧金山的生活变得越来越怪，让我们还没办法这么把他放下。

1872年，他以42岁之龄娶了一位名叫福洛拉·斯通（Flora Shallcross Stone）的21岁离婚女子。三年之后，麦布里奇无意间看到他那位年轻妻子的一封信，寄件人是她的一位朋友，剧评家哈里·拉尔金少校（Major Harry Larkyns）。这封信使迈布里奇怀疑，拉尔金可能是他们七个月大的儿子弗罗拉多（Florado）的父亲（他的怀疑或许不全然无理；他并不知道，福洛拉寄了一张这男孩的照片给拉尔金，上面的题字是"小哈里"）。

1875年10月17日，迈布里奇踏上一趟六小时的旅程，从旧金山前往纳帕郡的小镇卡利斯托加（Calistoga），他是跟踪拉尔金来到此地。当迈布里奇面对着拉尔金，他仿佛演戏般说出："晚安，少校。我叫迈布里奇，这是你寄给我妻子那封信的回函。"

说完，迈布里奇开枪直射他的胸膛。拉尔金当晚过世，迈布里奇被捕下狱，并且被控以谋杀罪名。这件事在南边那座八卦城市天天上头条（指纳帕南方的旧金山），后续的审判也一样。

这场审判也是高潮迭起。前州长斯坦福帮忙出钱聘请顶尖辩护律师，律师提出抗辩，主张他的客户精神不正常，并找来迈布里奇的一些老友，宣称他的个性在十五年前驿马车车祸后就已经变得不稳定。但这位摄影家给这个精神异常的抗辩扯了后腿，他坚称自己是深思熟虑之后才杀了他妻子的绯闻情人，而且真的是早就计划好了。

　　陪审团搞不清楚坐在被告席上的那个男人到底是什么状况，他时而放空，像帕金森氏症般出神，时而大吼大叫地情绪爆发。他是疯了还是没疯？反正到最后，他们驳回精神异常的抗辩，但认为他无罪，因为他们把拉尔金谋杀案看成是正当防卫杀人的案例。

　　获释后，迈布里奇搭船前往南美洲继续原先的拍摄计划。在他出国期间，他的妻子福洛拉想要办离婚，但她的请求被法官驳回。审判结束五个月后，她生病过世，享年24岁。他们的儿子弗罗拉多被迈布里奇送进一家孤儿院，此后迈布里奇几乎是不闻不问（从长大成人的弗罗拉多日后所拍的照片看起来，他酷似迈布里奇而非拉尔金）。这个男孩做了一辈子的牧场工人和园丁，70岁那年——1944年，他在沙加缅度被一辆车辗过致死。迈布里奇继续运用他所开发的新型快门设计让定格摄影尽善尽美，这种快门的速度达到前所未闻的千分之一秒。1894年，在制作超过10万组连续动作的照片后，这位多产的摄影家返回英格兰，写了两本畅销的摄影书，《运动中的动物》（*Animals in Motion*，1899）和《运动中的人物》（*Human Figure in Motion*，1901）。他死于74岁那年，当时他和表妹凯瑟琳·史密斯（Catherine Smith）住在一起。

　　迈布里奇为定格摄影和慢动作电影拍摄奠定了基础，并且很快便有其他人接棒跟进，直到不可见的高速世界能为人人所见。奥地利物理学家萨尔克（Peter Salcher，1848—1928）在1886年捕捉到一颗飞行中的子弹影像，而到了20世纪中叶，技术人员能够达到微秒（microsecond，即百万分之一秒）等级的快门速度，比迈布里奇快1000倍。仅百万分之三秒的快门速度所拍摄的影像，冻结了原子弹刚开始引爆那令人毛骨悚然的瞬间。

这种高速动作大多与我们在日常生活中共存。在以每秒16格放映的早期默片中，我们经常感觉到有闪光。但在每秒72格的现代电影里，我们看到的是稳定的光。[①]人类的"闪光融合阈值"（flicker fusion threshold）一般认为是每秒闪20次。[②]如果你家阁楼还留着20世纪70年代那些迷幻派对的频闪灯，你可以自己实验看看。把频率设在20，接着是25，然后是30，看看一闪一闪的光什么时候好似被掉包成了稳定的照明。

有些人说他们可以感觉到恼人的日光灯泡在闪，不过这个闪的动作一定是以通常的闪光融合阈值3倍的频率在进行。发觉光在闪的这种能力经常是因人而异。不同动物对快速动作的反应也各有差异。我们去拍苍蝇，但苍蝇蹦开了。苍蝇面对倏然出现的拍子，小小的脑袋计算着威胁所在的位置、定下脱逃计划，然后把脚摆在最佳位置，往相反方向蹦——全部动作在十分之一秒内完成，正好和眨一次眼所需时间一样长。

苍蝇这套战术动作智胜某些快动作动物一筹，比如说猫，它们抓苍蝇就没法百发百中。但猴子可以。猴子仿佛活在更快速的时间里，看似不费吹灰之力就抓到苍蝇。鸡啄起地上的苍蝇也稀

---

① 现代电影会把同一格影像做成三个排成一排，中间夹着一闪而过的黑画面，接着是下一格的三个影像，依此类推，每秒总共有七十二幅影像加上七十二段一闪而过的黑画面——其实每秒呈现出来的只有二十四格不同影像。采用这种作法之后，没人抱怨看到任何闪光了。

② 闪烁速率高于这个值的间歇性闪光看起来就像稳定的光。——译者注

松平常得很。

这些事件和过程在我们身边不断发生。在动物王国里，最快速的自然动作是惊吓反射。这类快如闪电的防御性反应往往与逃避突发性威胁的本能有关。这类反应是借助神经电机制来运作，而这些机制完全跳过大脑程序与自主控制。由于所涉及的回路比较短，惊吓反射的经过时间也比自主动作短得多。以人类

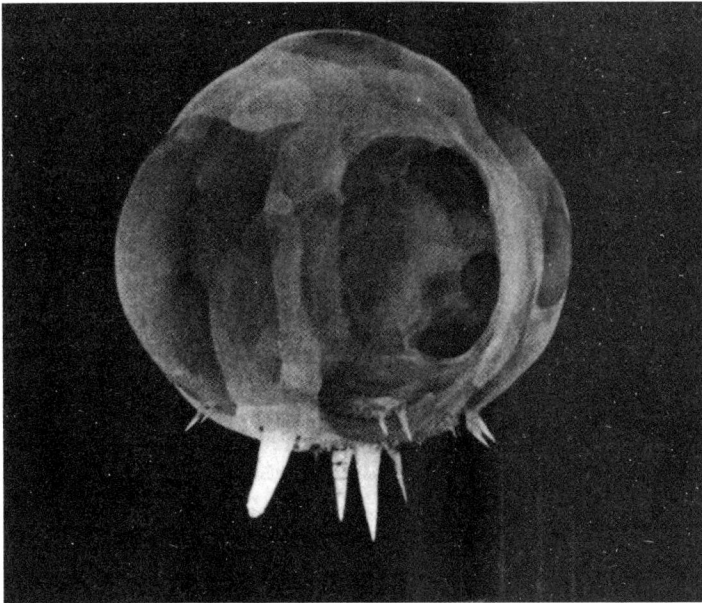

★最快的事件需要最快的快门速度。美国政府一台特殊的高速动作电子摄影机（rapatronic camera）捕捉到1952年原子弹试爆引爆千分之一秒后的影像。曝光时间是百万分之三秒。请注意，塔在那一刻尚未汽化。当照片上看不到的那些固定缆汽化时，热量的"绳子戏法"诡异地如触须般沿着固定缆往下扩张。（US Air Force 1352nd Photographic Group，Lookout Mountain Station）

来说，这类反射动作可以在令人印象深刻的三十分之一秒内完成。鼠类可以反应得更快，经过测量，它们反应速度快到千分之一秒。

即便是非急迫性状况下的动作，也可以真的是像一眨眼那么快。某些蚁类的大颚仅用十七分之一秒就能把猎物围住，并以时速128千米向里夹。土拨鼠，大部分的人都不觉得它轻快活泼吧，但在地底下，只要鼻部附肢一接触到可能的食物来源，它马上有反应。它在七分之一秒内就会出击，大约是叫"爸爸"叫到第二个"爸"所需时间。

近来在弄蝶科所观察到的，算得上是自然界历来最快的日常反应速度。弄蝶突然遇到亮光时，会以六十分之一秒的惊吓反射速度加以反应。谁想象得到蝴蝶会名列地球上反应最快的物种？

非生物性过程往往进行得比动物和人类身上的过程更快——而且是快上许多。有些化学反应的发生比眨眼还快上千万倍，不过也有些反应，像是铁氧化（生锈），会花上好几年才显现出来。①那速度最快的是什么？倒也不是什么稀奇少见的：就是氧和氢结合产生水。质子占据新位置的时间是以微微秒（picosecond，也译作皮秒）——也就是兆分之一秒——来计算。

怪的是：为什么水是液体？水主要由宇宙中最小、最轻的原

---

① 铁生锈是个悠闲的过程，因为这需要快速运动的原子来撞击。在日常的真实生活处境中，铁原子的平均速度太过从容不迫，无法与氧进行反应。但不管是在什么时刻，总会有一些原子移动得比全体平均快，就是这些原子持续制造出氧化反应。

子所组成，这么小、这么轻如鸿毛的分子，在室温下应当是气体才对。其他像水这种大小的分子都是气体。像甲烷（CH_4）和恶臭的硫化氢（H_2S）这类化合物，在质量和大小上与水近似，但它们在地球上各种自然条件下，即使在南极，都是气体。甲烷在零下162摄氏度就从液体沸腾为气体，几乎比水的沸点低了近262摄氏度。如果水的行为"正常"一点，我们的血管会充满蒸气，地球上就没有生命了。

水之所以会有这种古怪的液态性质，是因为几何的关系：氢原子和氧原子联结时，形成略大于直角的奇特折角。这让水分子带了一点极性和电荷，使其与别的水分子产生微弱联结。要打破氢键、解放水分子成为气体，就得耗费更多的动能（热）。近来的研究显示，这种氢键结所涉及的分子一次不超过三个，发生在大约兆分之一秒内。在这一微微秒内，暂时变大的三元结构使得水分子就其行为表现看来，仿佛比它实际上要大许多。因此，水在室温下的行为像液体，即便那些脆弱的三人组每十亿分之一秒就会聚散好几百次。

没有这些瞬息万变的超快联结，我们没办法笑到掉眼泪——或是流口水、流血、拥有大脑。

微微秒等级的活动超乎我们的想象。这种时间量级得举个例子才能勉强揣摩。好，光速行进的光子一秒可以绕地球八圈半，但这样一微微秒的光子，也就是兆分之一秒，只能前进两根人发宽度的距离。

那一兆秒呢？那可是三万二千年。从我们第一次具有生火的能力至今，也还不到一兆秒呢。一兆真的很大，一兆分之一则是难以想象的小。

就算只是要设想一下一奈秒，也就是微不足道的十亿分之一秒，都会耗尽我们的心力，虽然十亿这个字眼在今日科技中已经变得稀松平常。举例来说，现在当我们使用测距装置时，习以为常地利用那些发生于一奈秒内的事件。随便一家工具店都买得到的新型激光测量工具把脉冲光射到房间另一头，内建的亮度计感测到针尖大小的光线从另一边的墙壁反射回来，并计算出光来回跑一趟所花的时间。光的反射每延迟一奈秒，换算相当于30厘米的距离。接着把装置对准邻接墙壁，就会计算出房间的面积。这样你就知道要买多少油漆或多大的地毯。现在你可以把老式的卷尺扔了。

当然，并非所有化学或物理反应都那么快。物质的反应速度取决于物质的浓度，无论是气体、液体或固体；还有物质的温度，有时甚至是房间亮度这种奇怪的因素。亮度？那是因为光是能量，可以帮反应中的粒子再加一把劲，推动它们由慢而快到越过临界点。化学家很喜欢拿普通的天然气和氯混合来证明这一点。如果是在黑漆漆的房间里，几乎完全不会发生反应，动都不动一下。在昏暗的光线下，反应大幅加速。但要是在阳光直射下做，你会引起一场爆炸，光瞬间引发反应。

但对运动影响最大的是温度。增加热量，物体速度就会加快。其实，"热"只是我们用来表示原子运动的用词，如此而已。这样就说得通了，东西越热，其反应进行得也越快，因为此时分子间的电子键结被打破，出现电子激发现象，原子间有更多的接触。

　　室温气体分子通常跑得大概比声速快一点点。你家冰箱里的气体分子每小时则慢了80千米。原子要移动得多快才会开始氧化或燃烧过程，因物质而异。白磷在比体温低的温度就会点燃，直接拿在手上很危险。

　　常见的可燃物通常需要至少204摄氏度，才能使其中的氢在空气中也在可燃物自身之中与氧化合。

　　大部分的氧化反应之所以危险，在其为放热反应。也就是说，这些反应会产生热。

　　因此，我们身边有很多随时准备要燃烧和助燃的物质，唯有其原子的日常低速才能让它们安分守己。但若其原子在某种外来触媒的促进下而加快速度，那就有好戏看了。一旦发动，这些反应所提供的热足以让反应自我延续。简单的一根火柴是最常见的触媒，能制造出这种脱缰野马般的反应，就像创造科学怪人一样。

　　人们对廉价、便于携带之点火装置的追求，在18世纪开花结果，并在19世纪获致具有实用价值的成就。在那之前，人们随身携带小块打火石或其他基本上借由摩擦制造火花的东西，要不然就是利用凸透镜或凹面镜，把阳光聚焦在可燃物上。到了18世纪，出得起钱的人带着添加化学成分的棒子，把这种棒子插入硫酸罐里，制造出猛烈、危险的点火反应。但在19世纪中叶，白磷的低燃点已经是人尽皆知且势不可挡，随便一家商店都可以买到"摩擦火柴"（lucifer match）。[1]摩擦火柴变得这么稀松平常，

---

[1]　lucifer（路西法）在基督教圣经中原意为明亮晨星，隐喻因骄傲而堕落的巴比伦王，后来成为魔王撒旦的别名。——译者注

连马克·吐温的书里都经常提到，成为耳熟能详的文化象征，一如当代文学中的智能手机。

但白磷是危险的化合物，导致了许多中毒意外，也成为最常采用的自杀手法。到了20世纪初，赤磷大致取代了白磷，许多国家也全面禁止了白磷。过没多久，市面上的火柴就分成两种，现今依然如此。随处划型的火柴棒头裹着一层成分完整的三硫化四磷和氯酸钾可燃混合物，拿火柴快速刮过任何粗糙表面，标准速度是每秒1.8米（每小时6.4千米），所产生的摩擦力足以让火柴棒头升温超过其自燃点163摄氏度——轻而易举。

有时过于轻而易举了。飞机或船上一向不准使用火柴。另一种选择是安全火柴，这种火柴需要拿火柴棒头去碰触火柴盒的刮擦面，火柴棒头约有50%为氯酸钾，这东西出了名的容易爆炸起火而产生氧气，刮擦面含有一点点赤磷和玻璃粉，或是其他类型的粗化剂。火柴棒头也含有一些三硫化二锑，这是一种安全成分，因为它需要靠其他成分的燃烧热来点燃。这套"巫婆配方"所需的摩擦温度较高，大约232摄氏度。

一旦点燃，火柴的火温很快达到600摄氏度至800摄氏度之间，火焰最上面的部分最热。其分子运动如此快速，轻易就能煽动其他物质的分子，而这些分子没多久便达到能启动自身燃烧反应的速度。科学怪人活过来了。启动自我延续的"燃烧"事件所需的速度因物质而异。

火——重要到够格成为亚里士多德的四大元素之一——是以数种方式同步进行的运动展示。火舌舐舐空气，以千种诱人风格翩翩起舞，而看不到的编舞设计同样令人着迷。

纸很容易"点着"。纸的燃点温度为人熟知，还成了1953年布莱伯利（Ray Bradbury，1920—2012）小说《华氏451度》的书名灵感，小说中的"灭火队"四处烧书。纸容易着火，但实际上，种类不同、厚薄不同的纸燃点各异，从华氏424度（218摄氏度）至华氏475度（246摄氏度）不等。真实的科学往往不如虚构世界中的科学那般简洁明确（2012年过世的布莱伯利当然清楚这一点。他也很清楚，《华氏424度至华氏475度之间的某个温度》这种书名没么好记）。

煤烧得心不甘情不愿，燃点是非常高的450摄氏度。煤油就很急着要先走一步——229摄氏度。汽油在257摄氏度点燃、酒精是365摄氏度，而氢是400摄氏度。但其间存在一些微小的差异，尤其是可燃液体。喷雾状的家庭暖气用油烧起来火光明亮，但如果漏到地下室成了0.6米深的油池，即使把一根点燃的火柴丢进去，也不太可能烧得起来。同样地，你可以把料理用喷雾油对着烛火喷，马上"轰"的一声变成明亮的焰火。但食用油要不是喷成雾状、使其周遭都是所需的氧气，即使加热到340摄氏度的自燃点也烧不起来。这个温度略高于烤箱一般所达温度，这就是为什么你在查看起司烤茄子的时候，不会因为油烧得火光冲天给吓得半死。

奇怪的是，低温分子有时会自己动得越来越快，等到你发现时，你的房子已经烧成白地，而且不需要有火花或火焰。当燃点很低的某物，比如碎布、稻草，甚至是面粉，持续接触水气和空气，就会出现这种自燃现象。这些物质提供氧，让促进发酵的细菌得以滋长。接下来会产生热，身边有堆肥或腐烂干草堆的人都能证实这一点。如果热散不掉（比方说，油布被塞在桶里或埋在干草堆里，这本身就是一种很好的隔热装置），温度上升，最后超过燃点。结果是一场热的脱缰狂奔。

生火物质的分子只需要非常少的刺激，速度便会爆发性加快。这些分子上紧了发条，急着要冲出去。在室温或低于室温时，一下子就烧起来。钠是一个众所周知的例子。在日常生活中，几乎每个地方都高于钠的自燃温度，而钠接触到水甚至是湿气，就会产生剧烈反应。有很多谷仓火灾找不到引发爆炸的火花，看似和玉米一样无害的东西，一旦湿气得以累积便会爆炸。开心果是自燃嫌疑最大的物质之一，你怎么想都想不到吧。

重点是，这全都是运动。热就是运动，原子的运动就是热。发烧时，你的主诉症状可能是体温达39摄氏度。但你不妨对医生这么说："我觉得很糟。我身体的分子此刻的运动时速比正常快了4.8千米。"

然后他会拿一些阿司匹林给你，并且说道："拿去，这会让它们慢下来。"

你也可以通过物质加热时的颜色，对原子的速度和温度有粗略的概念。这十分简单。把铁、铜和钨放进灯泡里——当不可燃物体开始发光，光的颜色就是物体温度的精准指针。

光色转译为温度

若某物质发出在黑暗中勉强看得见的暗红光，为400摄氏度。

在柔和光线下看得出来热到发红，即474摄氏度。

如果能在白天看见这个红光，那是524摄氏度。

若在日光直射下看得出来是红色，为580摄氏度。

若是樱桃红，约为900摄氏度。

橘色表示1100摄氏度。

黄色意即约1300摄氏度。

白色表示温度约为1500摄氏度以上。

　　一旦达到白色，你很可能已经超过物体的熔点。不管怎么样，白色就是终点。理论上，更热的话，物质会发蓝光——就好像蓝色恒星是宇宙中最热的——但到那时，地球上所有物质如果不是沸腾为气体，就是已经熔化。①找出一种白热时仍保持固态的物质，这便是爱迪生拼命改良其电灯时令他头痛不已的难题。最后他找到了钨，这个熔点第二高的元素，一直到非同小可的3410摄氏度还维持固态。这一点非常重要：一根细细的灯丝必须好几个小时甚至是好几天都维持在高得惊人的2482摄氏度左右，这大概是熔钢的2倍热（碳的熔点略高一些，但是太容易碎裂，拿来当灯丝并不实用）。白热灯泡的热度高到令人难以置信，终将证明是导致其垮台的主要原因：白热灯泡现正被LED灯和荧光灯取代或是全面遭到禁用。人们抱怨的是，白热灯泡把大部分的电用来制造热，而非产生光。

---

　　①　如果持续加温的金属发出红光，然后是橘光、黄光和白光，而如果该物质没有先沸腾为气体的话，下一个色光会是蓝色，那绿光怎么了？除了绿光之外，彩虹所有色彩都有所表现。为什么？这个答案也可以解释为什么没有绿色恒星：当绿光放射到最大，在人眼看来是白色。那是因为在那一刻还有大量的红、蓝光混在其中，而每当这三原色同时射中我们，我们的视网膜感觉到的是白色。在这些情况下，白色就是我们的绿色。

　　铝仅在660摄氏度时便熔化。铜需要1080摄氏度，金需要1063摄氏度。与在约1371摄氏度熔化的普通钢不同的是，这些金属在低于白光温的温度就变成液体。这就是为什么你绝不会看到白热铝块，正如你绝对看不到红热的固态锡或铅块，它们在能发出任何光之前就熔化了。

　　说到这些金属原子的速度，固体的主要运动是一种环绕其平衡位置、振幅很小的振动。随着温度上升，这些振动变得越来越大、越来越狂暴，直到熔点放它们自由。但只有气体原子能突破声障。

　　迈布里奇所不知道的是，真正主宰我们生活每个方面的超快速节奏并非罕见的现象，这些节奏也绝不可能被他或其他任何人的摄影机捕捉到，不论当时，还是现在。

　　这些惊人的发现开始于19世纪末，当时的物理学家开始发现一些奇怪的小尺度振动。最酷、最有用的例子，大概是居里兄弟（Jacques and Pierre Curie，弟弟Pierre即居里夫人之夫）在1880年发现的压电效应（piezoelectric effect）。他们发现，许多种晶体（他们喜欢研究晶体）如果通上一些电，就会每秒自然振动数万次。反过来操作也成立。如果晶体因受挤压、扭折、撞击而振动，会短暂产生电。这是一条双向道。

　　科技洪流从此而起。1921年至1927年间所出现的突破，主要是在贝尔实验室，其结果就是创造出依石英振动为凭据的超精准时钟。真空管及其他体积庞大的组件使得初期的计时装置只能摆在实验室里，而这些装置代表国家标准局（今天的国家标准与技术研究院），让美国标准时间维持在新的精确水平达30年之久，直到原子钟在1960年代诞生。

便宜的半导体科技让制造商能在1969年大量生产刚问世不久的石英表，这种表取代了机械弹簧表，人人因而拥有一台每月误差不超过一秒的个人定时器。你手表里的石英晶体被设计成一秒自然振动 32,768次。这是2的次方数（2自乘15次），便于让数字电路轻易转换为整秒。

现在每个家庭都有脉冲晶体。举个例子，你可能有一台难用到让人恼火的烤肉点火器。拉扳机撞击晶体，借助压电效应制造短暂的高电压，因而产生瞬间火花，根本不需要电池。的确如此，瓦斯炉需要运用振荡晶体制造火花来点燃瓦斯。每当你开瓦斯炉时，如果听到反复出现的"啪啪"声，就是前面说的那种状况。

每秒振动32000次，听起来好像很快。但事实证明，会波动起伏的不只有晶体。一点也没错，所有东西都会振动。组成我们周遭各种物质的分子表现出复杂的原子谐振。

我们可能会以为，像水这类简单的常见化合物，由两个氢原子与一个氧原子借助电子键结而组成，具有刚性结构。其实不然。这些原子稍微延伸远离其他原子，然后突然回弹，好似橡皮筋一般。在此同时，这些原子扭转，然后恢复原状，还像节拍器一样前后摇晃。这些反复进行的原子运动——扭转、延伸、摇晃、弯折和摆动——各自有其精准周期，介于每秒一兆次到一百兆次之谱。你可能认为这种晃动会减缓乃至停止，但它永不停止。

同样地，光本身是由磁和电的波组成，其脉动率视颜色而定。举例来说，绿光的光波每秒脉动550兆次。这些振动不只是规律得超乎寻常而已，所产生的后果也很厉害。

举个例子，一辆停放在阳光下的汽车会变热，是因为车内远红外波的脉动率碰巧与汽车玻璃的原子振动率吻合。这产生一种混沌不明的边界，阻止热像光那样透窗逃逸。相反，光进得来，但光所产生的热出不去，这使得你进车内时会感到非常不舒适。曾有人因为把宠物、小孩留在像这样停放的车内而被捕。起诉罪名大概不会巨细靡遗地载明嫌犯"无视于超快速振动的致命危险性"，但总而言之就是那么回事。

再举另一个例子，铬被用来装饰摩托车，使汽车外露的金属部件看起来如此闪亮。之所以会这样，是因为铬元素的外层电子吸收了撞击它们的光子，再放射出去。但光跑不了太远。该金属的内层电子被牢牢固定在轨道上，以致弹性太小而无法振动并发出光。最后的结果是，阳光击中铬和其他大多数金属时，既未被完全吸收，也没有穿透。既不透明，也不黯淡，而是另一种模样：反光。

所以，我们周遭不是只有赋动现象而已。自然界并非一味热衷于那些难以计数、造成强烈日常经验的脉动。自然界也把秒——或是毫秒、整秒、分、年、世纪、千年，你说得出来的都行——分割到极小，以之为其时间尺度，不断地自我反复而不倦怠。我们的自然界是个在多重层次上闪亮、振动的宇宙。这些彼此交互作用的模式，影响了万物——尽管我们对这一切都浑然不觉。

第15章

声光之障

尽其所能地快，光速，你知道的一分钟一千二百万英里……
——爱都（Eric Idle）与琼斯（Trevor Jones），
《银河之歌》（The Galaxy Song），1983

●　　●　　●　　●　　●

声障。光速。

这些经典事物给迷惑的人们制造了无穷无尽的心灵折磨。我们这些完全依赖景象和声音的人早就学会了一件事：自然界以最急板指挥其交响乐。那些与景象和声音关联最密切的人甚至得享大名，比如突破声障的叶格（Chuck Yeager，1923— ）[1]和光的作曲大师爱因斯坦，后者在他著名的方程式$E=mc^2$中，以小写c代表光速。

在这些20世纪的名人成为聚光灯焦点的许久以前，这个令人摸不着头脑的疑惑已经开始出现了。一切可能都源起于雷电交加

---

① 叶格曾任美国空军试飞员，1947年10月14日驾驶实验机X-1成为突破声障的第一人。——译者注

的暴风雨。大自然唯有此时方能同步展示耀眼的光芒与震耳欲聋的声响。这种展示总是引人注目。在亚里士多德的年代，闪电会令人暂时失明，雷声把碗盘震得喀啦喀啦响，户外则是不祥的鸦雀无声。

至少，现在的我们是以科学方式来看待雷雨。闪光来时，我们想到的是“电”，并安慰自己：在美国，死于闪电的人，每年平均不到一百，英国只有三个人且十之八九不会是你。如果你是女人（男人被击中的频率高了5倍），而且既不钓鱼也不打高尔夫（最吸引闪电的活动），说不定还可以坐下来欣赏这场火爆演出呢。①

回顾帕德嫩神殿建造的时候，容易引来闪电的高尔夫球场不

① 一说到闪电，家都不一定是安全的。我有一次为了一篇发表于1984年、谈安全性的文章，仔细搜集了许多当事人的陈述。第一则是来自一位朋友，他们家祖孙三代在纽约州卡兹奇镇（Catskill）欢度感恩节。他们有几个人透过凸窗看到闪电击中草坪另一端的一棵大树。紧接着，一颗闪电“球”出现在树下。那颗“球”开始沿着草坪“滚”向窗户，正对着他们而来。闪电球滚到窗户下方，暂时消失在他们视线之外，但接下来令他们心生恐惧的是，板墙上的所有接缝开始发光。突然，那颗炫目刺眼的球出现在屋内，继续“滚”过客厅。我的朋友说，当那颗球直朝电视机而去时，他那位多年没有起身走路的伯母跳起来躲开，而那台电视机在一阵火花中炸掉了。经过漫长的好几秒钟，所有人都不出声。然后，他那以不爱废话著称的父亲终于开了口。他说：“我猜那东西把那台电视给收拾了。”

我的第二则故事与一位住在纽约州索格提斯镇（Saugerties）村落里的妇女有关，这是1983年一件众所周知的意外。她说，事情发生的那天，天空晴朗蔚蓝，看不到任何暴风雨的迹象。当闪电爆击屋顶、把柏油碎块如雨点般洒在街坊里，她人就在屋内。她在客厅里被击中头部，电从她的大脚趾出去，留下一个黑色烙痕。虽然她的牙齿有很多颗碎掉了，而且她需要好几个月来进行复健治疗。她把自己大难不死归功于当时穿着橡胶拖鞋。我问她现在怕不怕闪电。“不，当然不！”她向我保证，“那是有百万分之一概率的事件。我只做了人人都做的预防措施。不管有什么事，我都确保自己随时穿着拖鞋。”

多，雷电交加的暴风雨总是被当成意料中的神力的展现。thunder（雷）这个字源自古斯堪地那维亚的神祇Thor（索尔），这个挥舞锤子的神祇也给了我们Thursday（星期四）这个字。

不过他大概没有独占权。基督教的教义《圣经》，曾多次提及耶和华所施加的闪电。第一次是出现在《出埃及记》第九章第二十三节："摩西向天伸杖，耶和华就打雷、下雹，有火闪到地上。"

这种带有娱乐效果的威吓手段也是希腊罗马众神的拿手招数。终极雷电射手当属日耳曼神祇多纳尔（Donar）和希腊神祇宙斯，后者即罗马人所说的朱比特。如果你往东走，就算有办法躲过欧洲诸神之怒，也会遭到斯拉夫神祇佩库纳斯（Perkunis或Perkūnas，波罗的海地区的雷神）和印度神祇因陀罗（Indra，印度教雷神、战神，佛教的帝释天）先后痛击。

闪电往往被描绘成一把标枪。在罗马时代，无论闪电击中了什么，都被视为神圣之物。有时候，有玻璃砂熔岩标示电击之处，那个地点会被围栏隔离以示尊崇。虽然当局并未真正授权许可，但死于闪电的人会因地制宜，在祝圣地点就地下葬，不会被运到墓地去。在非洲和南美洲文化的神话中，巨大的雷鸟被指为是暴风雨的肇因。

在古典希腊时期，科学与自然观察蓬勃发展，视觉与听觉的重要性引发广泛思索声音与影像如何能从A点移动到B点。尽管假说的构思并未中止，但早年那些令人困惑的基本谜题，如今已转变成现代噱头式的科学不断泉涌的源头。①

人们在落笔撰写《圣经·旧约》诸多内容的那个世纪，见证了第一波针对视觉与听觉狂热而来的非宗教观点，这是由希腊思想家泰利斯（Thales，约公元前620—前546）及其追随者阿那克西曼德（Anaximander，约公元前611—前547）和阿那克西美尼（Anaximenes，约公元前585—前528）所提出。这三人因为退出宙斯掷标枪的这项活动而加分，即使他们的结论错误。他们都在著作中写道，雷是风击穿云层，他们相信是这个过程引燃了闪电之火。因此，雷先出现，这结论在接下来的2000年一直受到拥戴，真奇怪。

倒也不是无人异议。阿那克萨哥拉（Anaxagoras，约公元前499—前427）说，因为某种原因，是火光先闪现，只是被云里的雨给浇灭了。他相信雷鸣是闪电被猛力扑灭的声音。

亚里士多德的脑袋里塞满了对万事万物精细复杂的信仰，而公元前334年前后，在他那部叫作《天象论》（Meteorologica）的论文集中，亚里士多德加入了这场战局。在该书中，他与泰利斯站在同一阵线。他写道，雷鸣是困在云层中的空气猛烈撞进其他云层所发出的声响，他还说："闪电是在这冲击之后所产生，所以比雷鸣晚，但我们好像会觉得闪电先于雷鸣，那是因为我们听到响声之前就先看到闪光。"

这并不全是胡扯。这是已知最早做出光移动比声音快的陈

---

① 其他感觉的传播速度都无关紧要，甚至引不起注意。很少人想知道嗅觉传送得有多快。（其实我们有想过——在第7章。还有传送触觉与痛觉的神经冲动速度，在第11章。）

述。这似乎是开创性的概念，又一项证据显示亚里士多德是资优班的。其实，判定光和声音的相对速度完全不需要用到天才级的智商。大厅内和峡谷里的回声一直都暗示着声音是动作慢的那个。

经过一个世纪又一个世纪，用云层互撞来解释雷雨依然广受采用。公元前1世纪中叶左右，罗马诗人卢克莱修（Lucretius，约公元前99—前55）在其《物性论》（*On the Nature of Things*）中描述闪电：

> 群风争战之际。绝无一丝声息
> 响自碧空万里如洗；
> 第于天象更添深浓处
> 重云偶合，遂发紧密益切
> 轰隆隆破空巨响。

为什么"先有闪电"这个百分之百更加正确的想法没有流传开来呢？大概是因为在那个枪炮尚未出现的年代，那是个独一无二、全无先例的事件。①光不曾发出声响，尤其是天上。日月当

---

① 当伽利略在1610年至1630年代以望远镜观测土星，他把这颗行星描述为——以文字和图画——两边各有一个握把，就像糖钵那样。一直到日后惠更斯的观测，在伽利略之后整整半个世纪，土星环的真实特性才开始为人所知。（惠更斯在1655年最先正确描述土星环。）为什么？或许是因为在地球这边，一颗球被毫无接触的环所围绕，这种例子一个也没有。看到毫无先例的东西，观测者就头痛了。同样的原因或许阻碍了所有人想到闪电先于雷鸣。在还没有鞭炮的时代，没有人听过有任何的光会发出声音。闪电应该是第一种会这么做的光。

然是寂静无声，常见的火流星和萤火虫也是如此。曙光一样静默无语。即使是生物学领域的萤火虫和发荧光的海中生物，亮光也是在寂静中展现。

在此同时，有些古希腊人跳过暴风雨，直探声音的本质。毕达哥拉斯纳闷：为什么某些音符的组合听起来就是比其他组合悦耳？他有了一个惊人的发现。他拿各种不同长度的弦来做振动实验，发现当弦长互为整数比，所产生的组合总是悦耳和谐。例如，如果弹拨某条弦产生音符A的音，2倍长的弦也会发出A，只是低了8度，对应的数值比为2：1。这两个音之间的音符，则是弹拨弦长比如8：5、3：2、4：3等等的弦所发出。亚里士多德后来正确写出：声音无非是空气因靠近脉动或振荡物体，如弦、沙沙作响的叶子、声带及正在震动的铜钟，而产生的扩张与收缩。

这就是当时的情况，而随着世纪交替的钟声响过一次又一次，音响学并没有更进一步的发展。声音这个主题依然神秘，直到科学革命的黎明到来。17世纪初，莎士比亚借李尔王之口问道（第三幕第四场）："天上打雷是什么缘故？"却得不到回答。大约同一时期，1637年，笛卡儿颇具说服力地撰文论光学及影像、声音的传播①，依然主张云层互撞产生雷鸣，犯了和2000年前希腊人相呼应的错误。

但事情开始有了改变。我们对伽利略的赞扬在于对重力与自由落体的探索，但这位伟人对于声音的观察同样精准。早在17世纪，他就写道："波是经由发声物体的振动而产生，这种振动

---

① 指笛卡儿《方法论》一书的附录《屈光学》。——译者注

透过空气散播，带给耳膜一种刺激，而心灵将这种刺激解读为声音。"①

　　值得一提的是，这段话答复了"如果森林中有一棵树倒下"这个陈年谜题。②今天绝大多数的人都会认为，倒下的树有发出声音，即使附近无人在听。伽利略不以为然。说得确切一点，倒地的橡树使得空气受压而产生复杂的喷吹——实际上是一连串彼此相关的小喷吹，或是数千次非常短暂、个别的气压变化——并向外散播。这些短暂的小小微风并非原本就有声音，而是这些静默的喷吹以一种非常细腻的方式令耳膜振动，脉动快慢紧接——这就是伽利略观察到的："心灵解读为声音。"伽利略说得太对了。他所倡议的，是量子力学出现前罕见的说法：观察者的重要性。如今我们知道，自然界与有意识的观察者彼此相关、同进同退。要有声音，两者缺一不可。

　　因此，伽利略基本上是把声音定义为压力波，是快速、复杂的风吹，是空气或其他物质中的乱流。后来的研究者发现，周遭气压出现仅仅十亿分之一的短暂变动，人类便会感觉到有杂音——也就是耳膜所受刺激大到足以产生振动。不只如此，只要那些空气脉动每秒重复不多于两万次也不少于一万五千次，人类就会听到声音。这些是人类听觉反应的参数，令耳膜中的神经发出电子讯号给大脑。出此范围之外，小小微风无声疾吹。

　　伽利略之后，声音的科学进展快速，所揭露的内容更加惊

---

　　① 出自1638年《关于两种新科学的对话》。——译者注
　　② 谜题内容大致如下：如果森林中有一棵树倒下，而附近无人在听，那么这棵树有发出声音吗？——译者注

人。雷电交加的暴风雨也吐露出刺耳的秘密。1752年6月，在一次危险且稍有不慎可能便会致他于死的著名风筝实验中，富兰克林（Benjamin Franklin，1706—1790）发现了闪电的真正本质。他得出正确的结论：闪电生雷，而非雷致闪电。不管怎么说，他早就在实验室中制造过火花，而且每次总是随之听见噼啪声。富兰克林以优美的词藻写下："万亩电云霹雳，这势必响亮的声音会有多响亮呢？"（他可不是略有涉猎而已。他着迷于揭开电的秘密已逾十年，正是他打造出"电工""导体"和"电池"这些字眼。）

德利尔（Joseph-Nicolas Delisle，1688—1768）在这条路上甚至走得更远。这位法国天文学家拿凶宅来当天文台[1]，之后又帮彼得大帝建立俄国的天文学计划，他在50岁那年开始研究雷雨。他的判定是：闪电在极远处也能被看见，甚至是超过160千米之外，但一般而言，如果闪电出现在不过是24千米外的地方，就听不到雷声了。即使在我们这个时代，人们还是错把无声的闪光归类为"热闪电"（heat lightning）———一种其实并不存在的现象——却不知这只是声波消散已尽的远地雷雨。

我们接着再回头来谈那罕见的场面：当闪电触及地面、留下疤痕，就能定出与观察者之间的精确距离。运用此一距离与先前所测的闪光与雷鸣时间差，"自然哲学家"毫无困难便能给声音标上每小时1236千米的速度。但声速变得众人皆知，是因为一个

---

[1] 可能是指巴黎的卢森堡宫，此地在1789年法国大革命后的雅各宾派恐怖统治期间曾充当监狱，但德利尔在此地设立天文台是1712年，时序不对，作者应是故作夸张之语。——译者注

迷人的概念：声障。这之所以引起关注，是因为声障有如一项挑战。没有味障或光障，为什么单单有声障？

　　这个观念兴起于现代航空年代，在此之前，除了赶牛鞭和子弹，从未有任何人造物跑那么快。这个障碍之所以成问题，是因为空气的压力波会积压在逼近声速的物体上，声爆就是因此而产生。20世纪50年代初，在飞行员试图达到声速的时候，这种密集的空气压缩古怪地导致喷射飞行器的控制问题。至于雷鸣会拉长而呈连续的隆隆声，19世纪的科学家正确指出原因：离听者较近的那些段落的闪电所发出的声音，比其他段落先传到。因为电光的长度要超过1.6千米很容易，从不同段落传来的声音可以使轰隆

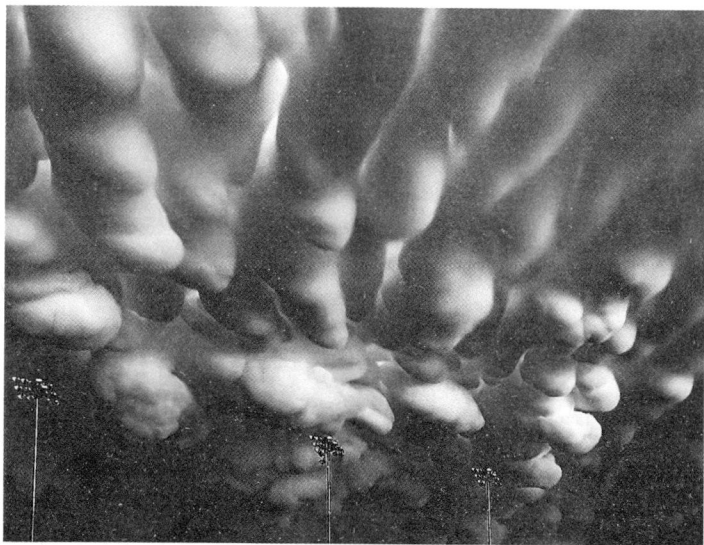

★乳状云内含的这种疾风十分猛烈。所有飞机，无论大小，都要避而远之。
（Jorn C. Olsen）

声持续超过五秒。

但即使到了20世纪，当雷云开始与飞行机器分享天空舞台，还是没有人知道闪电是如何产生雷。有三种出色的理论，每一种听起来都很有道理。来吧，试试手气，你会把你那一票投给哪一种？

1903年的蒸气理论说，闪电突如其来地蒸发其路径所经云层的所有水分，这种高压蒸汽猛烈扩张，产生了雷声，像正在爆发的火车头蒸汽锅炉内所发生的情形一样。

另一个理论从1870年就有——正值化学发展的狂热高潮——主张闪电中的电就像烧杯水中的电极，把云里的水解离成各自分离的氢原子和氧原子。当这些原子快速地再次化合，其结果是一场大爆炸。毕竟这些元素混合在一起，如果旁边有火花，免不了要爆炸。这就是1986年"挑战者号"航天飞机灾难事件所发生的情况。

第三种想法发表在1888年的《科学人》杂志。一位名叫赫恩（M. Hirn）的人提出这个理论："名之为雷的声音起因很单纯，电火花、也就是闪电所经过的空气突然温度升到非常高，且体积大为增加。因此而突然受热膨胀的气体柱有时长达数英里，而且……接下来噪声一口气从整个气柱中冲出，但在观察者听来，无论身在何处，这声音是离他最近的闪电发出的。"

最后这个假说——历经过数十年争论——获得了科学社群认可。雷就是爆炸性膨胀的空气。

全都是运动，大规模的运动。作用于氮类化合物的电弧、超声速的气体膨胀，然后是与闪电成直角、以声速竞跑的压力波。

接下来就谈到细节了。不过，这细节还真不得了啊！闪电是在10毫秒内产生的约30,000摄氏度的炽热——远比太阳表面相对微温的约6000摄氏度更热。相较之下，钢，力量的象征，"仅仅"需要1371摄氏度就变成液体。闪电那发了疯的热使得原子裂成碎片，剩下猛烈膨胀的电浆，所产生的压力比周遭空气还要大上10倍。难怪这些暴风不会安安静静地踮起脚尖。

抓狂般扩张的气体产生了宽程声谱。但高音马上消散，几英尺就没了。高音波脉动快速，却没法维持下去。这就是为什么当那些青少年开车从你旁边经过，收音机放得震天价响，你却只听到沉闷重击的低音。音乐中的高音甚至无法撑过9米距离、传到你靠人行道那边的耳里。这也解释了为什么雾笛被设计成只发出低音的样子。这种声音传得远，而高音发挥不了作用。

因此，雷声传得越远，就变得越低沉。这么一来，闪电的音轨以三种方式透露出闪光的位置：响度、声音有多锐利（相对于混浊程度）和音高。如果你差一点被闪电击中——这种情况下的声音和闪光会同步——你所听到的是均衡许多的音乐作品，有很多锐利、高到噼啪作响的音。本书刚刚完成时，这种情况真实发生在我家中工作室的外头，刚好赶上写进这段。闪光和震耳欲聋的爆裂声完美同步，仿佛大自然正在说："你们想要亲身体验这种经验？好，这就来吧！"的确，把耳朵震聋的爆炸音高完全不在低音音程内。当轰隆隆的雷声缓慢而且模糊，这一定是在3.2千米外。

不过，谈到真正的精准度，古老的作法依然适用。计算闪光到第一声雷响之间的秒数，每多一秒就意味着闪电离我们又远了335米。五秒标示着闪电在1.6千米处——几乎就在鼻尖上。

所有人都可以轻易察觉出八分之一秒的光、声落差，这对应的距离是45米。所以当闪光与爆音似乎真的同步时，闪电离你只有市区两个路口的一半还不到，名符其实的掷石所及。真的是擦身而过。

当我们说到声速，通常指的是声音在空气穿行的运动速度。但声音在各种不同物质、甚至是其他气体中的行进各有差异。从宴会汽球里吸一点氦气，我们就会有小矮人的声音，因为我们的声音穿过氦气时，速度会达到疯狂的每秒975米，也就是比声音穿过正常空气还快3倍。声音穿过液体或非多孔性固体时冲得更快。穿过水比穿过空气要快4.3倍，而穿行铁轨的钢则要快上15倍。①

在此同时，闪电，这种种声音和狂暴的肇因，以光速——比声音快100万倍——奔向观察者，根本是瞬间到达。精确来说，1.6千米外的闪电在发生后0.000005秒就被看见了。

---

① 声音在空气中只有一种运动方式——压缩气体，然后再解压缩。结果就是声音推着空气中的一股扰流往前进，而这股扰流会随时间而减弱，这也解释了为什么随着距离增加，声音会变得比较模糊、比较不清楚。声音所谓的纵波，也就是只沿着行进方向运动，也出现在声音穿过固体时。然而在后面这种情况下，还会有第二种波存在。这就是物质在上下方向的变形或弹性变形，通常称为剪力波或横波，其行进速度其实可以不同于纵波——让听者接收到两种不同的声音。剪力波在固体中的速度，由牛顿在其1687年的万能大作《自然哲学之数学原理》中精确计算出来。这个速度决定于固体的密度、硬度和压缩耐受性。

　　几千年来，光一直被认定拥有快到无法测量的速度。人们觉得光在发生的同一瞬间就抵达远处。到了17世纪，当真相终于透漏时，光在某些方面变得比较容易理解，但对那些研究光的人来说，光也越来越吸引他们。即使到了今天，我们这些非以教授科学为业的人，也少有能直截了当陈述光到底是什么。一口气说出光的速度——每秒299,792.458千米——要比说出光的成分来得容易。确实是如此，不论我们认为光是粒子或是波。

　　波似乎是以明显可见的方式在运动，但绝不涉及任何前进运动。实际上是没有任何物质在前进。当海浪通过某一片着生海床的藻类，这植物只是上下浮动。所以，正如我们在第13章所见，海浪向前移动，但构成海浪的海水并未前移。

　　同样的情形也适用于声音。朋友在购物商场中庭的另一头大声招呼，但没有任何东西从他那边跑到你这边来。他只是在嘴前的空气中制造出一股乱流，空气中的分子推挤旁边的分子，就这样一个接一个，直到邻近你耳膜的分子振动了那片薄膜。没有任何实质物体跑过来，一颗原子也没有，连1英寸也没动。

　　对此，有一个经典证明，这必须把一条长绳从旗杆或鹰架顶端垂挂下来。给绳子底部猛抽一下，制造出一个漂亮的波形，流畅地一路往上疾奔。这看起来像一个正弦波在进行活生生的铅垂运动，但实际上，绳子的每一个部分只是前后波动而已。

　　所以就光而言，一开始的那个问题变成：到底是什么在运动？

　　古希腊人相信，光是从眼睛向外跑的一道射线。但古代其他思想家则认为，视觉是这道眼射线与太阳这类光源所发射的某物之间的交互作用。最接近真相的希腊人是卢克莱修。他在《物性论》中写道："太阳的光和热是由微小的原子所组成，当这些原子被往外推，便一刻不待地跨越空气的间隙，顺着那一推的方向射出。"

卢克莱修把光当成粒子的观点——最终得到牛顿的支持——其中那句"一刻不待"意味着同时性。不管怎么样，在接下来的几个世纪，大众依然把光当成只是一种眼睛所看到的现象。

等了整整一千年才有所改变。下一次真正的突破来自阿尔哈金，我们之前已经见识过他对大气层的精准评价。公元1020年前后，他说视觉纯粹是光进入眼睛的结果，眼睛本身完全没射出任何东西。他那高人气的针孔摄影机令他的论证更有分量。但阿尔哈金的成就远不只此。他以出色的解说指出，光是由细小、直线运动的粒子流所构成，这些粒子来自太阳、遇物体而反射。他坚持光是以快但有限的速度在行进。他说，折射——光的弯曲，就像落日看起来扭曲那样——是因为光通过密度渐进式增大的物质时减速所造成，像是地平线附近的浓密空气。

阿尔哈金说得一点也没错。他字字珠玑的结论领先众人六个世纪。举例来说，开普勒在1604年针对光做了巧妙的观测，但还是相信光的运动无限快，而经过一个世代之后，笛卡儿又把这个错误的观点重申了一次。更糟的是，笛卡儿一再发表无限速度的论证，并宣称他愿"为此赌上自己的名声"。

到头来，斩钉截铁成了虚妄一场。但我们不应仗着后见之明嘲笑这些伟人：无限速度是一种非常前卫的概念。想象极快之物谁都会，人人都知道反正光一定是快到破表。但，一出发就抵达呢？完全不花时间？这会使得光殊异于整个自然界（后来知道量子现象才是跑无限快，我们在倒数第二章会谈到）。

在此同时，关于"光是什么？"的辩论吵翻天。这场辩论越来越火热，几乎有拿食物互砸的水平。17世纪后期，牛顿加入开普勒阵营，主张光是粒子流，但胡克、惠更斯（Christiaan Huygens，1629—1695），这些人则坚持光是一种波。当然，如果是的话，那是什么波？这么一来，这些文艺复兴时代的科学家不得不相信空间中充满物质（后来称其为"以太"），因为必须有一种物质实际进行波动。

有一项显而易见的事实，最后令许多人转而支持牛顿的粒子观。当一个张角小或距离远的物体，如太阳，所发出的光通过一道锐利的边，如房屋的墙壁，会在邻近物体上投下一道边缘锐利的阴影。那就是直线运动的粒子会做的事。反之，如果光是由波所构成，应当会向外扩散——衍射——就像涟漪和海浪绕过防波堤的情况。这些边缘锐利的阴影为牛顿的天才声誉再添一笔，让波动说支持者看起来十分疯狂。

在此同时，有限对无限的吵闹，终于在1676年丹麦观测者罗默（Ole Rømer，1644—1710）确定光速时画下了句点。[①]任何一个有小型望远镜的人都可以看到木星的四个大卫星，在399天的循环周期中绕着巨大的行星加速又减速。意思是这些卫星有大约半年移动得比另外半年快。这产生了不难观察到的特殊现象，像是每颗卫星通过木星前方时，都出现比平均轨道绕行速度"提

①　罗默任职于法王路易十四治下的巴黎天文台时算出光速。——译者注

早"或"延迟"多达15分钟的情况。每当地球接近木星时，这些卫星就冲得比较快。反之，当地球慢慢远离，说也奇怪，这些卫星变得拖拖拉拉。

当时，罗默的脑中有某样东西咻地跑了出来，他咬到一半的糕点也掉了下来。当地球正在飞离木星时，木星动态境况的每一幅影像都必须走得更远才能到达我们这儿！在这种时候，我们两个世界相隔距离每秒钟增加30.5千米。用我们今天的可视化说法，这部电影的每一"格"画面都必须传送得比上一格更远，而这就要花点时间了。当然，这么一来，这些景象似乎会以慢动作呈现。这种迟延证明了光并非无限快。

这位了不起的丹麦人计算出光的速度为每秒225,309千米。由于每秒299,792.458千米的正确速度得再等两个世纪才能定案，罗默只少算了25%，算是很厉害了。他的确是没办法做得更好，因为当时人们还不知道地球到木星的真正距离，而这得再等上三代的后浪推前浪，才有合理的方法来揭晓谜底。

此处并不适合一一细述诸如法国物理学家菲涅耳（Augustin-Jean Fresnel，1788—1827）、法国数学家暨物理学家泊松（Siméon-Denis Poisson，1781—1840），还有法拉第（Michael Faraday，1791—1867）、麦克斯韦（James Clerk Maxwell，1831—1879）、普朗克（Max Planck，1858—1947）和爱因斯坦这些天才的迷人故事，他们对光的理解都有卓越的突破创见。或是量子力学派的印度物理学家玻色（Satyendra Nath Bose，1894—1974）、丹麦物理学家玻尔（Niels Bohr，1885—1962）、法国物理学家德布罗意（Louis de Broglie，1892—1987），还有海森堡和

薛定谔（Erwin Schrödinger，1887—1961）——他们使光的理解更加清晰，却也更加怪异。本书的目标只针对速度和运动的部分。

不过，还是可以花几分钟厘清究竟是什么在运动。

波粒争议？仿佛有某位大智大慧的所罗门王在统治自然界一般，三两下就宣布各家说法都对。[①]苏格兰物理学家暨数学家麦克斯韦证明，光就是自续磁力波加上与该磁力波成直角的电脉冲。两者一起出现，以相互培养的方式滋生彼此。这么一来，光理所当然被称之为电磁现象。与声音有所不同的是，光不是某种介质中的乱流，光是依凭自身而存在，光很乐于在空间的真空中穿行。

电磁一词中的"电"字颇有帮助，听起来像"电子"，1899年第一个被发现的次原子粒子。这并非巧合。后来知道光的诞生只有一种方式：如果一个原子受到能量冲击，因而激发其电子，想象它大叫一声后跳到离原子核更远的轨道上。这些电子不喜欢待在那儿，所以几分之一秒内就掉回到比较接近原子核的轨道。电子这么做，原子就失去些微能量。这些微的能量立即转换成些微的光，像魔术般在空无之中具体成形，接着以其名闻遐迩的速度冲了出去。

这是从古至今光唯一的诞生方式。诞生自看似一片虚无之中，每当电子向其原子中心移近之时。这很简单，真的。但你去

---

① 闹得沸沸扬扬的波粒之争让我想起那个老笑话：和蔼可亲的法官从不想让任何人难过。双方在他的庭上争论案子，他说："你说得对。"接着对被告提出强烈的反方辩论，法官对他说："你说得对！"听到这话，原告愤怒地起身说道："但庭上，我们论点相反，不可能全对！"法官只是微笑着说："你说得对！"照同样的道理，波、粒双边的鼓吹者全都正确。

问你的朋友光是如何创造出来，所有人都会赏你白眼。

所以，光是一种电与磁的波。至少，这是对行进当中的光最佳的具象化方式。但在光发出的那一刻，还有光撞及某物之时，其行为却像是颗小小子弹、无质量的粒子，也就是光子。如今我们可以称之为光子，或称之为波，同等正确。无论你把宇宙分切得多细，还是有很多的光——每一个次原子粒子有十亿个光子。

不管怎么样，量子派的家伙证明，电子这类固态物体也可表现出能量波的行为。当观测者用实验仪器去确定原子中的光子或电子的位置，光子和电子总是表现出粒子的行为，并且做出只有粒子能做到的事，像是通过两个小孔的其中一个，但不会一次通过两个孔。但当没有人在测量到底各个光子和电子位于何处时，它们就表现出波的行为，同时模糊难辨地通过两个孔，在另一边的传感器上产生干涉模式——这只有波能做到。

因此，观测者对于自己之所见扮演了关键的角色。现在大部分的物理学家都认为，只有人类意识才能让电子的"波函数"坍缩，以致如粒子般占据一特定地点。否则的话，波函数只是不确定的概率项，既无位置、也无运动。

但如果有一只猫在看的话，电子的波函数会坍缩而变成实存的粒子吗？如果周遭无人，光会一直都是波而绝不会是各自分立的光子吗？我们对这两个问题的最佳解答分别是"我哪知道啊？"和"没错"，但显然这整件事就像艾丽斯漫游奇境那么怪异。

而光速这件事也与直觉抵触。光子在真空中总是每秒前进299,792.458千米。光速恒定的名声当之无愧，但只有在穿行空无一物的空间时如此。在通过较为稠密的透光介质时，像是水或玻璃，光子似乎就慢了下来。似乎？哎，到底是有慢还是没有慢啊？

你来决定。

光通过玻璃时，只以其常速的三分之二在移动，也就是每秒"只有"193,122千米，而通过水则为每秒225,309千米。这种速度变化一点都不微妙，也不伤脑筋。这使得鱼缸里的鱼出现在引发错觉的位置，也导致半玻璃杯水中的汤匙看似弯折。玻璃的密度让瓶里装的苏打汽水看似比实际的还要多。

但再靠近一点看：光子正在撞击物质原子，被吸收，然后产生新的光子继续行进。你透过窗户看到影像，而组成这些影像的光子与一开始撞击玻璃外侧的，是不同的光子。由于吸收与再射出的过程要耗费一点点的时间，光通过窗户要比通过空气耗时更久。但在各玻璃原子之间，每个光子实际上仍然是以其名闻遐迩，并以超级快的恒定速度飞驰。

各种色光以各自的速度穿过清透的材质，这种差异使其路径有所分歧。阿尔哈金在一千年前就知道这一点。

各色光因其速度有别以致其路径弯折，称为折射。在阳光射中棱镜且其成分色光弯折成墙上绚丽开展的光谱时，我们看到此一现象。牛顿发明一套容易操作的仪器加以解释，令所有心存怀疑的人都闭上嘴巴。在他之前，所有人都认为玻璃引入的只是扭曲影像，色彩都是被捏造的。牛顿击败他们的方法是让这些色光射中第二块的反转棱镜，把这些色光再次弯折、组合——白光出现。如果玻璃产生的色彩是扭曲的结果，那么牛顿的双棱镜应该会产生更大的扭曲。相反地，他证明当我们看到白光，那是我们的眼睛对所有色彩混合的反应。

白光就是彩虹被放进了搅拌机。①

但在真空中，所有色光都以相同的速度飞行。这是万物所能达到最快的运动速度，然而，没有任何具有重量的物体真能达到这个速度。光一奈秒，也就是十亿分之一秒行进1英尺的距离，所以当我们看到10英尺外的某物，我们看到的不是它此刻的影像，而是它十奈秒前的样子。我们总是看着过去。

我们观测到的太阳是它八分半钟前的样子。如果它此时此刻爆炸，我们可以稍晚一点再去面对这个令人丧气的消息。我们看到的恒星是它们几年前或几世纪前的样子，星系是它们几百万或几十亿年前的样子。②

---

① 其实，要让我们看到白光，混合时只需要纳入等量原色光就行了——红、绿、蓝。任两种或全部三种原色光不等量混合，会创造出其他各种可以想象得到的色彩。颜料的原色是青、品红和黄。艺术家混合这些原色，创造出其他颜色，但与光不同的是，光只需要加上更多不同波长的光就能改变色彩，而颜料则需要减去混合物所反射的一些光。画布不会自己发光，相反地，画是摆在白光下看的，上面的每一种涂料都吸收了室内光线中的一种或多种色光，使得反射到你眼中的是艺术家希望那个部位呈现的色调。如此一来，增加更多的颜料，就是减去更多周遭的光。事实上，颜料的每一种原色都是由光的两种原色等量混合所构成。也就是说，红光和绿光结合产生黄光，而黄是颜料的原色。同样地，红光和蓝光产生品红色，蓝光和绿光产生青色。

② 我们有没有可能对以光速前来的物事有任何预警？不可能。在《星际大战》类型的电影中，片中英雄的宇宙飞船熟练地闪避、迂回以躲开激光武器和光子鱼雷。现实中无法预料光制武器的脉冲或射线何时到来，无法"看到它们快来了"。然而，我们可以侦测到反射。就拿太阳突然变暗来说吧，尽管我们无法预先看到这件事发生，但我们可以看到各行星一个个瞬间暗掉，因为自其表面反射的光不再到来。水星会最先消失，然后是金星，在地球的向阳半球失去光明之后，土星还会继续闪耀超过一小时。因此，如果太阳之死发生在晚上，我们可以预先察觉，不用等到永远不会来的日出时刻。

　　我们把快但有限的光速应用在我们最喜欢的几项科技上。GPS卫星里有一块原子钟会送出时间讯号，你车上的GPS接收器了解这是错误的时间。之所以错误，是因为光速行进的讯号需要二十分之一秒，才能从你头上17,700千米处的卫星到达你的车上。你的GPS知道正确时间，马上计算出那颗卫星必须有多远，才能让讯号刚好延迟那么久的时间。GPS靠着三、四颗卫星来做这个计算，并由此三角定位出你的必然位置。这一切都是运用已知的光速。

　　但光的恒定性太过完美，这说不通。如果你一边朝着太阳飞，一边测量它射过来的光子，按理说，与光子互撞的这个动作应该会使它们更快击中你，这是你自身速度加上光子速度的结果。或是你以近光速从灯泡里冲出来，应该会认为所有光子都是勉勉强强追上你而已，而且你所测到的光子速度会比较慢。但并非如此。在每一种情况下，光都是每秒跑299,792.458千米去击中你。①

　　地球一边绕着太阳公转，8月时以每秒30.5千米的速度朝橘色恒星心宿二（Antares）咻地猛冲，每到2月则背对着它快速远离。但它的光子在不同季节是以不同速度来到我们这儿吗？根本不是，实际情况就好像我们静止不动一般。

---

　　①　如果这样还不够怪，把棒球的行为方式想象成光子那样好了。想象开着一辆小货车，以每小时145千米的速度直冲打击者而去，投手站在货车车台上，飙出他最佳的每小时160千米的速球。逻辑上，这球应该会以没人打得到的每小时305千米的速度抵达打击者那儿。但要是球仍以被投掷的速度（每小时160千米）抵达好球带，无视车辆的运动，即使车辆从投手板急速冲出？那还不怪吗？但这正是光子的所作所为。

所以，光速恒定比抵触直觉还糟。它怪，而且惊人。[①]

结果是距离收缩，而且时间以我们根本没注意到的方式改变其流逝速率，这一切使得我们所察觉到的光不管怎么样都以相同速度在跑。不知怎的，光比时空，以及我们一向认为不可改变的其他种种事物，都更加具有基本的真实性。

为了给致力寻找真正光速的故事做个了结——这项引发偏头痛的探索持续了好几百年——我们之前赞扬了罗默的木星卫星法，这种方法给出的数字只少了25%。但要是能在地球这儿加以测量，岂不是既神奇又令人满意，还能赢得同行的赞赏？牛顿和他同时代的人试过拿着明亮的灯站在山顶上，灯上装有快速屏蔽。他们的同伴位于几英里外的另一座山上，按照指示一看到对面的灯光，便立刻掀开自己那盏灯的屏蔽。对面那个人应该可以简单地加以计时，算出打开自己灯罩到看见同伴回射光线之间的时间间隔。但当他们实际去做的时候，这个时间差对人类反射反应来说永远只是一眨眼而已（后来知道即使是射到位于32千米外的镜子再反射回来，所产生的时间差其实也只有千分之五秒）。

1850年，迷雾终于散去，斐科改良了另一位法国人所发明的仪器〔这位法国人即物理学家斐佐（Armand Fizeau）〕，终于逮住光速。这个想法是让光从快速旋转的多边形镜子跳到平面镜

---

① 来想点比较合逻辑的行为，以音波来说好了。当我们接近音源时，就像一辆鸣笛救护车向我们冲来一样，它的警报器音波撞到我们的速度变快。这使得音波挤成一团，音调听起来升高了。这就是著名的多普勒频移（Doppler shift）。但当我们接近光源时，光波的确挤成一团，改变所观察到的色彩（因为和红光的光波比起来，蓝光的光波彼此间靠得比较近），但每一个光子的速度从不变慢。这很怪，而且与直觉抵触。

上再跳回来。光子在空气中短暂飞行期间，旋转镜的角度改变，光线反射的方向稍有差异，可以透过标有精细刻度、类似显微镜的装置判读出来。知道镜子的转速，因而知道其角度变化，也知道光线行进的总距离，以傅科的例子来说，是32千米，我们就能精确测定光的速度。75年后，波兰裔美籍物理学家迈克尔孙（Albert Michelson，1852—1931）改良了这个方法，当时所确知的光速之误差范围仅只每秒3.2千米。[①]

到了我在大学里做这项验证时，一间实验室就放得下整组仪器，误差范围每秒不到1.6千米，而今天的激光使得光线更细小也更加精准。

唯一仍令人困惑的还是那个老疑团：我们朝向或背向光源的速度怎么就不能改变所测到的光速呢？为什么一辆快速逼近的跑车头灯射出来的光子，与一辆停放好的车子所射出来的光子，会以相同的速度射中我们的测试装置？这好比我们从那个疾驰跑车里伸出手来，感觉到空气依然静如死水，这说不通嘛。

只要牵扯到光，我们就又回到《创世纪》里静止不动的地球。

只要牵扯到光速，其他事物的运动都不存在。

所有苦思此事者流，包括一代又一代的物理学家和科学爱好者，都会摇摇头，感到惊奇又难以置信。

---

① 作者指的是1926年的测定，其实迈克尔孙早在1879年就因光速测定实验而闻名。——译者注

第16章

厨房里的流星

> 未经探查的宇宙为吾居处，我过门不入，任性的陌客：
> 　我的挚爱依然是空旷道路与危险的明眸。
> 　　　　——史蒂文森（Robert Louis Stevenson），
> 《青春与爱：之一》（*Youth And Love: I*），1896

● 　 ● 　 ● 　 ● 　 ●

　　距今一个世纪多一点的1908年6月30日，一个黑胡子男人，坐在他那位于地球上最偏远地区之一的小屋门前阶梯上。时间正好是早上7点14分。他不知道时间，因为他没有时钟。他那西伯利亚中南部的平凡住所，有高大笔直的松树环绕，而其建造并未借助动力工具之便。选在这个地点，是因为贝加尔湖西北方动物繁多的区域邻近水量丰沛的溪流。

　　此时此地，他见证了史上有纪录以来最大规模的陨石撞击。

　　明亮的蓝色球体，几可与太阳争辉，"把天空分成两半"。这些幸运的观察者每隔几年就会在他们家上空看到火流星或爆炸流星，但这回不同，这颗既未消失于地平线，也非以满天花火告终。而是当他站着看到目瞪口呆之际，在东北方64千米外的天空中直接爆炸，让他的眼睛看不到通常出现在同一方向低空中的晨曦。

他朝向那一侧的身体马上感受到强烈的热度，"好像我的衬衫着了火似的"，他在多年后这么解释。他不确定是不是应该脱掉衣服：他裸露的皮肤会不会因此接触到这不知是什么的东西而有危险？当听到一声重击巨响，他不再犹豫不决，地球震动，而且"好像大炮射出来的热风在房屋和房屋之间狂吹，地面上也留下痕迹，好像一条条的道路"。这股暴风当场把他往旁边吹上了半空、抛了3米远。他躺在尘土中，勉强算是清醒。

当苏联第一支调查队在超过十年后来到这处爆心地（更大的科学队伍在1927年抵达，这样的延误在那个动乱的时代是可以理解的），他们发现占地2070平方千米的树木全被烧成焦炭，呈辐射状倒在地上，其朝向全都背离入侵物爆炸位置下方4.8～9.6千米的地点。日后的分析显示，这是一颗大小如一栋大房子的小彗星或石质小行星，其爆炸所释放出的力量介于500万吨～1500万吨，相当于1000颗广岛原子弹。①只不过是一块小小的彗星或小

---

①　1908年袭击通古斯之物通常被界定为流星。这只是个通用名称，指任何从太空来到地球的物体。含金属成分的岩石所构成的小行星和主要由冰组成的彗星，当它们疾驰横越天空或撞击地球时，分别被命名为流星和陨石。有一种少数看法认为，通古斯事件（还有发生于2.51亿年前的"大灭绝"，二叠纪灭绝事件）是困在地球内部深处的瓦斯逸出，然后在空中高处引燃所致。但绝大多数科学家坚信是一颗没能走完其大气层旅程的喷气流星，这也替没有任何陨石坑或陨石残骸做了解释。再说，喷气流星在过去有过纪录，而如果是在大气层中上升数英里才爆炸的甲烷溢出气团，那可是世界史上绝无仅有的事件。

行星碎片，比一间电影院还小，没什么超乎寻常之处。光是它的速度就使它带有危险性。

令人担心的是，它有二十万个"表亲"。

在史上有纪录以来最奇特的天体巧合中，一个有点小的喷气流星再次于西伯利亚上空爆炸，这次是在2013年2月15日那天。我们知道它比较小（大概是一辆巴士那么大），而且在比较高的地方就炸开了，因为这一颗流星没有把人抛上半空，而且一棵树也没倒，不过它的震波打破了许多窗户，造成千人受伤。说它是巧合，不光是因为再次冲着西伯利亚而来，也因为在同一天发生了历来所观察到最接近的大型（足球场大小）小行星飞掠——这颗小行星仅以27,358千米与我们错身而过。

在此之前，人类因天体而受伤的正式纪录只有一件。2013年，全世界因外星物体造成的伤亡名单从史上有纪录的五千年只有一人受伤，一下子增加到一千人。

宇宙中没有任何东西是静止的。一点也没错，万物都在运动。

我们甚至不必把我们的触角伸向星系级的距离，最容易和我们扯上关系的速度应该就在我们邻近一带。这些物事对我们有影响。月亮和太阳在天上或者排列在同一边，或者在相反两边——两种形态都施加同等的"拉力"——制造出每两周一次的大潮。依赖潮汐的生物，比如蛤蜊——尤其是辽阔的海滨草泽中的蛤蜊——及其猎食者，比如海鸥，所表现出来的行为模式配合着一天四次的大小潮，也配合着更大的双周大小潮。来自天上的天体节奏，就这么回响并溢流到动物王国之中。

如果限定在离地球相对较近、我们的机器代理人造访过的地方，或许可以从人类曾经留下垃圾的四个天体之一开始：月球。[①]碰巧月球是宇宙中最慢的物体之一，光是自转一圈就需要四个星期。而且众所周知，月球绕我们公转一圈，正好要花同样的时间——27.32166天。结果证明，这看似怪异的巧合既符合逻辑，也稀松平常。太阳系166个卫星——大半有格蕾普（Greip）、帕克（Puck）和涅娑（Neso）之类少有人听过的名字——几乎也都是自转与公转周期相同。这些卫星的月份和日数相同。[②]

这意味着，当两个天体邻近时，彼此会互相影响。较大天体的重力主宰这个系统，对其邻居施加潮汐减速作用。较小天体的自转逐渐变慢，直到某一半球被锁定，这个半球永远面对其母行星。因此，我们总是看到月球熟悉的那一边，上面的斑点似乎被黏在固定位置上，而隐藏的半球终年朝外，这种情况和白吐司鲕

---

① 美国太空总署和俄国人也在金星、火星和土星的卫星泰坦（Titan）留下用过的登陆艇。曾有一架探测器空投进了木星，但被吞噬且被木星的浓稠气体给压碎了，所以我们不会把那次算作乱丢垃圾的一例，因为可能有人会争辩说，那部探测器"看不到、记不得"了。

② 格蕾普为土卫五十一，北欧神话的女巨人之名；帕克为天卫十五，莎士比亚剧作《仲夏夜之梦》的小精灵之名；涅娑为海卫十三，希腊神话的海中女神之名。——译者注

鱼三明治一样常见。①

这并不意味着月球的动作一点都不酷。恰恰相反，天体中只有月球是以"每小时一个直径"的速度横越太空。

这一点用我们的肉眼就可以看出来，而且一直都可以。在日食或月食期间，当月球进入地球阴影或遮蔽太阳时，整个隐没需要几乎一小时。不管是哪个晚上，离我们最近的邻居以繁星为背景，每五十七分钟移动一个"月球宽度"，以每小时3684千米的速度横越太空（这是平均值，在绕着我们转的椭圆路径中，它的移动时速会加减203千米）。

说到运动，最靠近地球的行星——金星和火星——扮演了美国知名喜剧双人组伯恩斯与艾伦（George Burns and Gracie Allen）的角色。它们是正常先生和奇怪小姐。火星是不苟言笑的男士，自转方式和我们非常类似，它的一天长24.5小时。但金星很怪，它是宇宙中转动最慢的物体，一个金星日等于244个地球日，简直就是静止不动。

把思维局限在离我们最近的四颗相邻行星，我们发现木星提供了最棒的对照，因为木星是转动最快的天体。尽管木星体

---

① 几千年来，天文学家永远的挫折之一，就是无法观测到月球的隐藏面。但所有人都预期，那一面看起来大概和我们确实看到的正面差不多。这就是为什么俄国的"月球三号"（Luna 3）探测器在1959年10月越过另一面时，它那滴溜溜转的电视摄影机造成这么大的震撼。隐藏的半球是不一样的世界！可以说没有任何大而暗的污斑——所谓的海——我们熟悉的那一面是以这些斑为特征，还被沙文地命名为"月亮上的男人"。显然，离我们较远的部分逃过了较近这一边所经历的火山活动期。这一点得到以下事实的支持：月球质心不在其地理中心，而是往地球靠近了1.6千米。同时，俄国人利用他们的发现者特权，给每一座山、每一个陨石坑，还有几乎每一颗石头，都取上了俄国名字，这种尴尬处境使得许多西方教科书一直不提月球那半边。

积庞大——把木星挖空可以放进1300颗地球——仅仅不到10小时就自转一圈。这是一颗舞姿曼妙的行星。它的赤道移动比我们快24倍，快到云成了水平条状，好像把颜料泼到正在转动的唱片上——尤其是从木星两极上空的宇宙飞船往下看的话。这颗行星的转动快到赤道都向外隆起，使得木星非但不圆，两极还压陷。

为了把这些全然不同的行星自转具象化，请画出你自己沿着各行星的在兜风的赤道单车的路线。在金星，光靠步行速度就足以超过自转。轻快的单车兜风便能让夜色永不降临。

在月球上，你需要走得稍快一点，但马拉松跑者还是能让太阳不下山。月球自转每小时只有16千米，这就是月球群山所投

★月球是已知宇宙中唯一每小时移动一个自身宽度距离的物体。看这张2006年在利比亚沙漠拍的照片，月球刚刚用一小时完全遮蔽了太阳。（Terry Cuttle）

下的阴影在火山口底蹒足行进的速度。但木星的赤道以每小时约40,000千米的速度一路疾驰，比子弹快50倍。

除了自转速度，每一颗行星逆时针绕太阳公转（这是从太阳系上方或北方看，所有行星都朝相同方向、单向列队运动），也有它自己独一无二的前进速度。

行星速度有一个简单、合乎逻辑的序列。规则很简单：你越靠近太阳，就必须移动得越快以维持稳定的轨道，才不会被拉进太阳的重力场而蒸发掉。娇小的水星以每秒48千米的速度一路飞奔。

金星以每秒35.4千米的速度冲过去，我们的星球每秒移动约30千米，火星每秒跑出24千米。你看出其中的运作模式了吧。离太阳较远的行星移动较慢，可怜被降级的冥王星懒洋洋地拖着脚步，每秒只运动4.8千米。

在我们的邻近天体中，没有哪一个的速度特别突出，都没有超乎预期太多。这些行星就像是圆形轨道上的赛跑选手，一个紧挨着一个在各自的跑道上竞速。靠太阳那一侧、最接近我们的行星只比我们每秒快5.6千米，外侧那一颗每秒慢5.6千米，没有哪个跑得比隔壁的还疯狂。这就是为什么飞掠我们夜空的流星看起来很快，但不会快到像发疯一样。几乎所有的流星都是彗星或小行星的碎片，从广义的角度来说，这些流星之母都在我们附近绕着太阳转，它们的速度与我们相类。

看流星总是充满乐趣，尤其是在午夜到黎明之间，每小时固定会有六颗飞流星横越天际。如果这还不能让你满意，地球一年会有几次拦截到浓密的彗星碎片群，到时就能让你一次看个够。

如果我们远离城市灯光进行观测，一小时能看到六十颗以上的流星，一分钟一颗。这些流星雨——8月11日、12月13日，有时11月18日也有——提供了生动活泼的运动展示秀，其原因如下：

流星撕裂我们大气层的速度还要依流星的走向而定，真够怪的。这和我们在地球上的经验非常不同，我们这儿的东西方向的公交车不会冲得比南北方向的公交车更猛。但流星体的空间速度和我们颇为类似。

请注意流星体（meteoroid）这个新字眼。太空岩石的名称似乎老是变来变去，以下是这些名称的使用方式：当猛冲疾驰的岩石飞过太空时，被称为流星体。就是这种东西能够且有时真的撞上我们的卫星甚至是太空站。太空中一颗宽达0.3米的石头，以每小时96,500千米的速度飞驰且不发出任何的光，是完全看不见的。但要是进了大气层烧掉，就被称为流星（meteor）。我们很少看到金属块本身，因为其尺寸通常如葡萄干甚至是苹果籽大小。我们倒是会看到发光的离子化热空气包围着小到看不见的白热石子。这种现象通常被称为飞流星（shooting star）。最后，如果流星有办法落到地上并且被发现，就会再改一次名，这次叫作陨石（meteorite）。

不管怎样，流星体的速度不如它的方向那么重要。要紧之处在于它是不是从后方刚好赶上地球或是反过来迎头撞上我们，这是最重要的。8月11日的流星、著名的英仙座流星雨，便是迎头朝我们撞过来。于是，它们的公转速度加上我们自己的，我们见证到每秒61千米的猛烈的总合撞击速度。11月的狮子座流星雨同样如此。这些耀眼刺目的飞流星划过天际，仅仅一两秒的时间，还不够你说："嘿，看那边！"你才扫视一遍就错过了。

但12月13日的双子座流星雨到达这里时，与我们的公转方向相对成90度，而不是迎头碰撞。这就像汽车倒车离开马路，吱吱嘎嘎地从侧面轻轻撞上我们的车，撞击速度只有其他流星雨的一半。这些流星只以每秒32千米的速度掠过，懒懒地拖着脚步在天上走秀。大多数情况下，它们甚至慢到没法在后方拉出发光的尾巴，不像英仙座和狮子座，会拉出三分之一的尾巴。令人激动又满意的是，不需要望远镜或其他任何设备，如此轻易就能目睹这些全然相异的宇宙速度。

1908年，通古斯（Tunguska）那颗流星是由东向北移动。那天一早，这个走向是从侧面进入我们的大气层。2013年的西伯利亚火流星（爆炸流星）与此类似，以每秒约18千米的速度从太阳的方向进入我们的侧面。要是从头顶的方向过来，速度会快上许多，所释放的能量也会因而大上许多。1908年，我们那位瘦小、满身尘土的目击者谢苗诺夫（Semen Semenov），是在妻子的引导下回到当时窗户已破的屋内。如果当时是前述这种状况，他大概就没有那么好命了。

显而易见，天体运动不见得都像教科书上说的那般枯燥。我们花个几分钟看一下，就当着我们的面、在我们头顶上大摇大摆地逛大街呢。

但要是天体速度似乎真的太伤脑筋，我们可以把它整个打包带回家，一点都不夸张。要记住，我们的星球不是孤岛，彗星和小行星不断给我们狠狠来个近距离接触。

大众对陨石——落地流星的名称——有很多错误的观念。人们想象陨石很热，事实上，通过我们寒冷的大气层时急速冷冻之后，它们勉强还算温的。1991年8月31日，印第安纳州诺伯斯维尔（Noblesville）的两个男孩站在自家前院草坪上，看到一颗陨石砰的一声掉进几英尺外的草皮里，马上捡了起来，并未受伤。

人们也想象陨石很致命，但亚拉巴马州锡拉科加（Sylacauga）的霍奇斯（Ann Hodges）是历来唯一直接被陨石击中的人。1954年11月30日，一颗陨石刺穿她家屋顶、撞上一台落地式收音机，然后弹到她的屁股上，她只是瘀青而已。

光说霍奇斯是史上唯一被陨石击中受伤的人，那是把一则惊人的故事给轻描淡写了。事情从那天下午开始，当时霍奇斯觉得人不舒服，躺在她家客厅沙发上睡着了——那是一栋租来的白色屋子，就坐落在"彗星来"戏院（Comet Drive-In Theatre）的对街，戏院霓虹招牌上画着一个疾驰如流星的物体。

霍奇斯被一个高速砸穿客厅天花板的3.6千克的重金属物体给弄醒了。她还没来得及跑，这东西就从收音机上弹过来，撞上她的左边屁股，把她的左手弄瘀青。这桩意外很快吸引了电视台和报纸记者蜂拥而来，让这名34岁的妇人名留青史。史书上还为当地医生雅各布斯（Moody Jacobs）加了一则注脚：唯一曾为受外层空间物体撞击的人进行治疗的医生。

但霍奇斯没有从这个历史事件得到任何好处——不像其他人，比方说纽约州皮克斯基尔（Peekskill）的纳普（Michelle Knapp），她的生活从1992年一颗陨石撞上她的车子之后就改变了。对霍奇斯来说，麻烦是从她和丈夫被突然蜂拥而至的群众给惹毛之后开始，接着警方和政府官员未经这家人同意就把陨石移走，令他们震惊又愤怒。

霍奇斯夫妇找律师帮忙，终于争取到陨石，但他们想从这颗石头上捞一票的希望很快便幻灭了。因为他们的房东太太盖伊（Birdie Guy）声称陨石依法归她所有，并在法庭上力争监管权。针对陨石所有权的法律之战与多项高额索求的诉讼，全都冲着霍奇斯夫妇而来，但舆论不满的是"贪心的"房东太太，这是她在新闻报道中的普遍形象。霍奇斯夫妇终于达成和解，盖伊接受500美元以代替陨石，但到了那时候，新闻热度早就过了，陨石不再是热门或高价的对象。到最后，这对夫妇把它转让给亚拉巴马州自然史博物馆，位于塔斯卡卢萨（Tuscaloosa）的阿拉巴马大学校区内，换得一笔小额补偿。这颗陨石至今还在馆内展出。

唯一在整个天体遭遇中获得正向经验的人，是名叫麦金尼（Julius Kempis McKinney）的农夫。1954年12月1日，陨石撞上霍奇斯家的次日，麦金尼正在几英里外驾着一辆满载柴薪的骡车，那些骡子在路上一颗黑岩石前停了下来。麦金尼把那颗古怪的黑石子踢到路旁，继续上路回家。但稍后当他听到霍奇斯事件的新闻报道，回到那个地点，把那颗岩石拿回家给孩子玩。

他只把这个讯息告诉了给他送信的邮差。邮差帮麦金尼找了一位律师，那位律师协商出一个惊人的价格，把陨石给卖了。买家是一位来自印第安纳波里的律师，代表史密森学会（Smithsonian Institution）出面交涉。

矿物学专家确认，这个1.4千克重的岩石确实是霍奇斯那颗较大陨石的碎片；流星体撞击地面之前就在空中解体或炸成好几块，确实是很常见。虽然售价始终没有公开，但足够麦金尼一家买车又买新房。在那个州、在历史上那个种族不平等到习以为常的时期，对一个非裔美国人来说，这意料之外的好运是一桩罕见的大事。

这一切够不够拍成一部电影？当年5岁的菲尔德（Bill Field）看到流星划过天际、留下一条白色尾迹，并且听到一声响亮的爆炸声——算是2013年西伯利亚镇民经历的宁静版——长大后成为电影制片人。他研究这个事件及发生在所有相关人等身上的事，成功地把他的电影剧本卖给20世纪福克斯公司。但电影始终没拍成。

至于霍奇斯，她后来说她彻头彻尾改变了——改变她的不是左臀上的15厘米瘀青，而是法律之战和失望所导致的情绪创伤。她在1972年因肾衰竭死于锡拉科加一所护理之家，享年52岁。

根据历史记载，17世纪的米兰也有一位方济会修士，被一条5厘米大小的流星切断腿动脉致死。但谁敢打包票？因为谁都知道，这有可能是一颗步枪流弹。证据不足。2009年，一个德国男孩声称他的手指被一颗豌豆大小的陨石弄伤，这颗陨石"在一道闪光过后"出现，然后"陷进路面下"。尽管上了全球头条，但这个故事毫无可信度。霍奇斯的瘀青依然是唯一经过认证、因轰隆疾驰的太空物体所造成的人体伤害。

流星充当天地之间唯一肉眼可见的实体交流，是"上面那儿"和我们地面生活之间在视觉范围内仅有的联系。流星掉落地面是突如其来的，甚至带了点危险的暗示，刚好给生活加点调味。

不管暗不暗示，末日爱好者对于"来自太空的危机"这种主题向来乐此不疲——害怕来自地狱的巨石重击地球，一颗极致版的通古斯流星。末日新预言如雨后春笋般发芽，结果当人人畏惧的日子无风无雨地度过，而且很快便如春梦一场被人遗忘，这些预言也烟消云散。为了对这种危机有合乎现实的了解，你得知道它是怎么回事才行。

我们不应注目于太空中的流星——少有流星撑过大气层之旅，而是静静地分解为尘埃——一路上克服万难才戏剧性抵达地面的罕见流星。我们也不打算去谈那些真正糟到改变历史的事件，包括6500万年前造成恐龙灭绝的白垩纪——第三纪撞击，那一次撞击砸进了猛禽的最爱——墨西哥希克苏鲁伯（Chicxulub）的犹加敦半岛海滩。或是2.51亿年前更糟的二叠纪"大死绝"，那一次毁灭了地球上大多数的物种，仿佛这些物种是黑板上的涂鸦一般，而且几乎把盘根错节、环环相扣的生态圈彻底抹除。这类事件通常牵涉到超过1.6千米宽的小行星，这种小行星似乎每隔几亿年左右就会撞上我们。1.4～11千克重之类的的较小石块常见得多了，这种石块差不多年年都会造成屋宅损坏——通常发生在经过一番昂贵装修之后。

能抵达地面的流星体不同于流星雨那一类，那一类通常是由薄冰所构成。能残存下来的是坚硬的石质或金属质小行星破片，甚至是月球或火星的碎块，这些东西的到来事先毫无警讯。

流星体撞击我们的大气层时，重量可达1吨。2003年3月26

日在芝加哥郊区上空裂成几十块碎片的入侵者，据估计就有此等质量。其中一个小碎片射入一名青少年的卧房，击中他的打印机，还打碎了一面穿衣镜。这样就算倒霉？本来有可能比这糟得多哦。

在太空中穿行的流星体，以火热的每秒11～71千米的速度不等，与地球相遇。要是这颗流星体重量超过10万吨，其速度便不会因我们的大气层而有丝毫减缓：它会极快的宇宙级速度，一头撞进地面。

反之，要是流星体的质量少于8吨，来自空气的摩擦力会使其原初速度完全丧失。这么一来，其冲击便全由终端速度决定，如同掉落的垃圾或飞鼠一般。幸好通常都是这些质量较小的物体。

在大约15,000米的高度时，流星体减速到每秒3.2或4.8千米，而且不再发亮。从那个高度下降，流星体成了暗到肉眼不可见、轰隆作响的岩块，多半是石质或半铁半镍汞合金。尽管如此，每小时112,000千米的速度比子弹快上3～6倍，赋予0.45千克重流星足以把喷射客机打下来的动能。这事还没发生过，但有可能会发生。

继续往下、依然观测不到的流星体和越来越浓的空气遭遇，使其减缓到每小时400千米左右的终端速度。这就是它撞击地面或随便什么东西时的最终速度。

单单在北美洲，就差不多每年都有建筑物被射穿。光溜溜站在户外的动物们也活得可怜兮兮：

1860年5月1日：俄亥俄州协和镇（Concord）的一匹马被陨石

打死。

1897年3月11日：西弗吉尼亚州一阵石雨又害死一匹马。

1911年6月28日：后来发现是来自火星的一颗流星，打死了埃及亚历山德拉市郊的一只狗。

1972年10月15日：委内瑞拉巴雷拉市（Valera）的一头牛被陨石打死。

汽车似乎也会吸引流星。1930年9月28日，伊利诺伊州本尔德（Benld）有一辆车静静停放在自家车库里，一颗流星射穿了车库屋顶、车顶和车子的木质地板，然后从消音器上弹了起来，落在椅垫上，为小行星碎片与汽车之间漫长的恋爱史揭开了序幕。

在过去四分之一个世纪里，最令人叹为观止的邂逅当属停放在纽约州皮克斯基尔的一辆雪佛兰，这辆车的后车厢在1992年10月9日被一颗11.8千克重的家伙给毁了。18岁的车主拿到收藏家付给她的69,000美元时，觉得自己的人生因而改变。（收藏家想要那辆被砸烂的车和那块陨石，车主说："没问题。"你要一辆挨了好一顿打还拿不到车险理赔的雪佛兰Malibu十年车？你是在开玩笑吧？拿去啊！）

仅2002年至2010年间，陨石就闯入世界各地至少七户人家。通常，石头刚着陆时"勉强还算温的"，外观是黑的且有熔化痕迹。

在缺乏空气的星体上，如水星和月球，没有终端速度，被那儿的重力捕捉到的流星体持续加速到相当于该行星逃脱速度的极大值。在地球上，这个速度是每小时约40,000千米。如果没有空气，陨石不会只射穿屋顶和地板。它们会一直持续到把地下室游戏间和周边邻近大片地区变成巨大的陨石坑为止。再怎么说，动能等于陨石质量乘上速度的平方。以每小时400千米的速度来到你家厨房桌上的流星所造成的损害，即使和每小时40,000千米这等太空低速比起来，都还小了1002倍，也就是1万倍。

这就是为什么至今所听到的流星故事往往是离奇古怪的（或是拿2013年西伯利亚事件来说，是令人惊恐且平添苦恼），而非悲惨的。

有时，很多人会在流星坠地之前看到天体烟火秀，比如1992年在乌干达某村落出现的数十颗流星。我最喜欢的流星故事是关于1981年11月30日美国东北部所发生的这类情景。

那天晚上，一名受惊吓的女子打电话到我们天文台来（我自办的眺望天文台，从1982年营运至今），回报说有一团烈焰熊熊的火球横空急降，把乡下地区照得一片明亮。有些人以为天文台是幽浮回报站，我们经常接到关于天空有光出现的询问。但如同大部分的天体现象，这次也有个简单的解释，我告诉这名女子，闪亮发光的物体可能只是颗流星，没什么不寻常。当时我怎么可能知道，在我们东方仅160千米外的事态一点都不寻常。

康涅狄格州中部的观星家同样注意到天空中的耀眼亮光，但在他们看来，这亮光没有移动。只有一种情况，亮光才有可能看似静止：亮光正对着他们而来！

葡萄柚大小的流星不只在通过大气层后存留下来，还砸穿了康涅狄格州韦瑟斯菲尔德（Wethersfield）一栋房子的屋顶，当时多诺霍夫妇（Robert and Wanda Donohue）正在隔壁房间看电视节目《外科医生》（*M*A*S*H**）。他们后来告诉我，那是他们这辈子听过最大的声音。他们冲进此时满是尘埃、家具全被打翻的房间，发现天花板上有一个洞。

康涅狄格州没有流星警察，多诺霍夫妇打电话到911报案后，几名消防员和镇上警察一起来到他们家。一名消防员在餐厅桌下找到这颗2.7千克重的陨石，这东西经过几次高速弹跳、在地毯和天花板留下磨损痕迹后，在这儿窝了下来。

这对夫妇简直可以说是处变不惊。此前11年的1971年4月，上一回有陨石击中美国境内房屋的时候，撞击点是康涅狄格州韦瑟斯菲尔德——同一个镇。这是我们这个时代最诡异的巧合之一，距离多诺霍家1.6千米多一点点的一栋房子也被打过。

对于同一个镇连续两次被击中，只有一种解释似乎说得通：韦瑟斯菲尔德是哈特福的郊区，而哈特福是多家保险公司的总部所在地。这里是统计学家和保险精算师居住地，他们才知道这有多么不可能。

〔要是你好奇的话，答案是肯定的：多诺霍家的保险全额给付他们因陨石所受的损失。这是他们应得的。几年之后，多诺霍夫妇慷慨地把这颗"宇宙房屋杀手"捐给纽哈芬市（New Haven）一所博物馆。〕

面对这些一而再、再而三的撞击，我们真该忧虑吗？或许有一点。著名的通古斯事件发生在亚洲地区，当时的世界人口只有今天的三分之一。要是发生在今天、在一座城市上空，我们可能会有2000万人死亡。

值得关注的流星体不断跑过来，就像2012年4月22日内华达州那个令窗户咔咔作响的1.8米宽的气爆物，当然还有2013年西伯利亚的奇观。宝石学家和探险家很快群集两地，像是2012年那回的隔周，在北加州哈洛德百货特价代购店，以及2013年那次的第二天就在俄国车里雅宾斯克（Chelyabinsk）市内及周边，开始寻找陨石——大部分都钻出精准孔洞并进入雪中。但现今的专家评估，真正有伤害性的陨石撞击每隔数百年才会击中我们的星球一次，最有可能的原爆点是在海上某处。

小行星阿波菲斯（Apophis）会在2029年4月13日以每秒30.5千米的速度极为接近我们。届时它将与我们擦身而过，在地面与36,000千米上空的电视卫星之间通过！如果因为这次近距离擦身而过，它的轨道以一种虽然不太可能的精准方式产生变动，那么下次再来时，2036年4月13日，它可能会击中我们，撞击所产生的爆炸相当于500颗氢弹。不过，撞击地球的概率据美国太空总署专家目前紧盯的结果，只有二十五万分之一，这和你家里的青少年拿起吸尘器自发打扫整栋房子的概率不相上下。

远在我们太阳系之外、真正破表的速度——像是星系以百分之几的光速互撞——则对我们毫无影响。宇宙充满了仅供心灵冥想之用的快速运动，只有外星文明要为保险伤脑筋。

你我——以及我们这个慈悲行星上的一切事物——在太空中的最快行进速度呢？阿里斯塔克斯在2300年前揭露了自转加公转的双重运动，加上古希腊数学家暨天文学家埃拉托斯特尼（Eratosthenes，约公元前276—前194）在一个世纪后准确定出我们这颗行星的大小，少数不喜欢地心说的人类在耶稣诞生之前就知道地球在自转。

18世纪和19世纪四次金星凌日，让天文学家定出太阳与我们之间的真实距离，我们终于能够计算地球精确的公转速度：每小时108,000千米，也就是每秒30千米。因为周遭一切事物也在移动，加上没有可感知的加速度或运动变化，我们不会有任何感觉。

只需要再加上另一项重要的地球速度，历来最大的一项。这是沙普利在一个世纪前所揭露。我们绕着太阳转，这颗恒星本身则绕着银河系自身中心咻地猛冲，还带着我们一起凑热闹。我们这颗星球因而参与了银河系每秒225千米的高速自转。这是最快且有意义的地球速度，因为出了银河系就没有固定参照点可言。我们说仙女座星系正以每秒112千米的速度向我们逼近，但我们同样可以把该星系视为静止不动，而说我们正以该速度向它移动。或者我们可以平分这个速度差，说两者各以每秒56千米的速度行进。我们只知道彼此间的间距正在缩减。由于缺乏任何静止不动的参考坐标可供外星系运动之用，我们靠速度计算来说运动故事的本领，过不了银河系的产权界线这一关。此外，星系团之间的空间在变大，但没有人能确定到底谁在移动。

以前的教科书上说，太阳和地球一起仅以每秒21千米的速度在太空中移动。那是因为不算太久之前，我们只知道自己相对于周遭恒星的运动。想象一团漂流的树叶顺着河里的急流直冲而下，其中一片叶子相对于其他叶子有点向旁边慢速漂移。这就是以前那些书上所说的情况。就像旋转木马中的相邻木马，夜空中的恒星——平均只有150光年远——和我们一起进行相同的运动。所以，相对于我们，它们似乎移动得不多。观察这些恒星，我们似乎正以每秒21千米的速度缓慢飘向织女星（有些权威机构把这颗星划入天空中同一区域的武仙座）。然而我们现在知道，我们、武仙座和织女星，全都以每秒225千米的速度同步朝天津四的方向狂奔，而我们永远到不了那儿，因为天津四正以同样速率往前移动。

　　我们的星球此一终极可感运动，表现得比我们最好的火箭还要快上10倍，但也不过是光速的千分之一，如此而已。

第17章

光的极限

我就算困在果核之中，也能自命为坐拥无限空间的君王，
如果这不是我在做噩梦的话。

——莎士比亚（William Shakespeare），《哈姆雷特》
（*Hamlet*），约1600

● ● ● ● ●

有了快，接着有了无限。

很多东西都很快。我们周遭的原子全都每秒振动数兆次。光
纤缆线中的光子真的是一眨眼就绕完地球一圈。远处星系疾奔，
每秒远离我们24万千米。

无限快完全是另一回事。这个意思是，某物从最远处的星系
出发，就在你读到这一句的这个点上的此刻，它已经到了曼彻斯
特。我们一向认为这种超光速的速度是不可能的，我们错了。

要探索无限性，得先快速一窥那围绕着光速、引人入胜的领
域。很多人在上学之后，光速似乎成了绝对的限制。

1905年，爱因斯坦阐释一项二十多年前由洛伦兹和爱尔兰物

理学家费兹杰罗（George FitzGerald，1851—1901）所进行的超乎常识的观测。他们两人已经了解光以恒定速度行进，也明白这有多么了不起。[①]

这意味着，一架接近中的喷射机落地灯所发出的光子，以光那坚定不移、每秒299,792.458千米的速度击中你，仿佛飞机完全没在移动一般。打从一开始，光就是独一无二且与直观不合的。

不只如此，爱因斯坦还证明有重量的物体绝不可能真正达到光速。假设有一枚动力超强的火箭，当你坐在里面进行加速，你的质量随之增加。你好像变魔术一般，越来越重。当速度仅低于光速一点点时，即使一开始轻于鸿毛的物体也会重逾整个宇宙。要给这东西增加最后一点点速度，所需的能量将会是无限大。因此，你绝不可能达到那个速度。

爱因斯坦在1905年和1915年提出他的两套相对论之后，光在真空中的主权就再也不曾受到象样的挑战。不过，在量子力学崛起的1920年代，怪异的例外说法开始出现。

这是一个奇妙国度，那儿的物体要被观察到才会存在。主要有两种理论竞相要让这个说法在逻辑上说得通。第一种是关于量子现象的"多重世界"阐释。这种理论主张，生命中的每一次选择都创造出一个分隔宇宙（separate universe），这个宇宙便由此发展下去。当另一种可能行动出现的那一刻，不管是什么样的行动——即使是看到一片落叶掉在离你不到2.5厘米之处——宇宙分

---

① 其实，费兹杰罗不会相信光始终恒定，无论我们是朝向或远离光源而运动。他认定观测者及其测量工具的长度沿着行进方向被挤压，以至于光只是看起来恒定。他认为，高速引起了实验的扭曲。

生出两种分隔真实以包含两种结果。

如果你测量一颗电子，你就已经刻意或非刻意地迫使这颗电子以特定属性，如上旋或下旋，出现在特定位置。或是用更精确的说法，你突然间加入了该电子以你所观察到之状态存在的那个宇宙。但不同的你依然存在、居住在分隔宇宙中，而你在这些宇宙中各自观察该电子处于当时有可能的其他各个位置或状态。

按照这种推论，某个另一种版本的你，真的带着你秘密交往的对象去参加学校毕业舞会。不幸的是，你的某个分身当晚很白痴（记住，有可能发生的，就真的发生了），你的约会对象从此再也不跟那个版本的你讲话。

大多数的理论科学家和科学界专业人士对这些同步真实并非照单全收。大多数人倒是比较偏好哥本哈根诠释（Copenhagen interpretation）。哥本哈根诠释排除多重真实说，但却说宇宙充满了微粒与片光，这些微粒与片光直至被观察到才有确定的存在、位置或运动。只有到那时，它们的波函数才坍缩，也只有到那时，它们才具体成形于依统计所定的位置，并且从那一刻起开心地在那儿继续存在下去。

爱因斯坦一点都不喜欢这个说法。1935年，他与两位同事俄裔美籍物理学家波多尔斯基（Boris Podolsky，1896—1966）及以色列物理学家罗森（Nathan Rosen，1909—1995）一起写了一篇著名的论文（罗森与爱因斯坦共同提出爱因斯坦——罗森桥，也就是虫洞假说），文中基本上就是在批评量子理论的基础不完备，因而有严重缺陷，并指出量子理论有一种即使依量子标准都显得怪异的方面。他们所思考的是一起制造出来、也就是"缠结"的粒子所发生的情形。按照量子思想，当时这对粒子共享一个波函数，而且两个物体各自知道另一个物体正在做什么。如果其中一个被观察到，迫使其失去其模糊、概率式的波函数状态，并坍缩成具有"向上"自旋的电子，其孪生体——无论当时它在宇宙何处——知道自己的分身做了什么，这导致孪生体自己的波函数坍缩。它立即变成具有互补性质的粒子，在这个例子里是"向下"的自旋。

制造这种缠结配对的方法很简单，就是把激光打进偏硼酸钡或其他特定晶体中。两个光子突然出现，各带初始能量之半（2倍波长），所以没有能量的净流入或净流出。接着，这两个光子以光速跑掉，可能跑上数十亿年，维持着看似独立的寿命。同样的过程也发生于电子，甚至是整个原子、成团的物质。但我们让这双人组其中一个成员坍缩成特定状态，其孪生体知道有这件事发生，而且立即比照办理。

爱因斯坦、波多尔斯基和罗森主张，这类表面上的平行行为必定可归因于局域效应，也就是实验因素波及，而非某种"鬼魅般的超距作用"，他们这么称呼量子理论的这个面向。这篇论文远近驰名，这种同步化的量子诡异行为因而借用了这几位物理学家的姓氏前缀，以EPR关联（EPR correlations）之称为人所知。而"鬼魅般的超距作用"这句话就成了带有贬义的标准说法，用以描述这类惊世骇俗又愚蠢的信念——这是对真正实时行为的挖苦奚落。在物理学教室里，这句话以轻蔑的口吻复诵了几十年。

但近年来的实验证明爱因斯坦错了。1997年，日内瓦研究人员、瑞士物理学家吉辛（Nicolas Gisin，1952—）（吉辛为量子信息科技奠基者）制造出一对对缠结光子，使它沿着光纤分头飞离。当其中一个光子撞上研究人员的镜子，被迫往某个方向跑，11千米外的缠结孪生体每次都立即产生一致反应，并在撞上自己的镜子时做了相反、互补的选择。

关键词是"实时"。孪生体的反应并未出现光穿越那11千米以传递讯息会有的时间延迟，反应发生快了至少1万倍，而这只是实验测试能力的极限。量子力学告诉我们，回声般的行为真的是完全同步。量子理论的确预测缠结粒子知道孪生体正在做什么，而且实时模仿其行为，即便这对粒子分别处在相隔数十亿光年的不同星系。

这太诡异且所蕴含的意义太大，驱使某些物理学家急得拼命找漏洞。有的主张吉辛的测试仪器有偏差，倾向于只侦测那些表现出预期中孪生体互补性质的粒子。到了2001年，美国国家标准与技术研究院的研究员瓦恩兰（David Wineland，1944—，2012年诺贝尔物理学奖共同得主）把这些批评一笔勾销。

瓦恩兰运用铍离子和效能非常高的侦测器，观察到数量大得足以盖棺论定的事件。所以，这种梦幻般的行为是事实。这是真的。但一个实质物体如何能实时指令相隔遥远的另一个物体一定得如何行动或存在？没几个物理学家想到原因在于某种先前未曾想象过的交互作用或力量。我想尽办法要弄明白，于是问瓦恩兰他相信哪一种说法，而他说出了越来越多人接受的结论。

"真的有某种鬼魅般的超距作用。"

当然，我们俩都知道这话说了等于没说。

所以，粒子和光子——物质与能量——看起来是实时传送知识横跨了整个宇宙。光的行进时间不再是极限。

有些物理学家说，这并不违背相对论，因为我们无法利用这一点把信息传送得比光还快，粒子行为的"传送"受概率左右，不是我们所能控制。而且，没有任何具质量之物踏上这趟旅程。事实上，也没有任何无重量之物，甚至是光子，踏上这趟无限快速的旅程。不过，有某种东西实时传送了出去。

科学上的含意（更别提哲学和形而上学的）很惊人。这么说好了，当初在大爆炸后不久，你身上某些原子与其他粒子以缠结的方式形成。从那时起，两者分道扬镳，如今相隔数十亿光年。你的原子组成你的大脑片段，物理位置是在伊利诺伊州的皮奥利亚（Peoria），另外那些粒子成了毕宿五星系某行星上外星人的一部分。

就在此刻，那边的某个生物正在实验室里观察你的孪生原子。这下好了，这些原子坍缩而展现特定的性质。就在当下，没有任何迟延，你自己的大脑原子知道50亿光年外发生了这件事，然后，它们也坍缩成互补物体。这个效应突然发生，改变你的思想过程，然后你做了明快的决定。你穿着一件令人尴尬的圆点花纹燕尾服，出现在你老板的宴会上。你说不清为什么有这么古怪的举动，但你的人生毁了。这听起来像科幻小说，但EPR关联是真的。

首先，这意味着从某个根本的角度来看，整个宇宙是一体的。这意味着此地和远处之间没有秘密，无论相隔多远——而且信息"交流"是以无限快的速度同步发生。

这意味着爱因斯坦在局域性这一点错得离谱。

任何关于运动的探索，局域性都很重要。说到底，所谓运动的意思，就是有东西被其他物体或力量，如风、水和重力，给挤、推、撞。这是爱因斯坦所相信的——物体只受其毗连周遭所影响。这就叫作局域性原理。

有一种增补原理叫作局域实在论（local realism），意思是：所有物体都具有独立于任何测量之外的实在性质。一颗原子，或是月球，是真的在"那儿"的某个位置上，而且进行着一定的运动，不论是否有人正在观察它。我们的工作就是找出方法认识此物并测量其特性，如果我们有这打算的话。

与此相较，量子理论不接受局域性。量子理论坚持原子会受到与其全无接触且分属宇宙两端的事件所影响（像是缠结孪生体的波函数坍缩），而且这样的影响是实时发生。不需要"载体粒子"把讯息从甲地带到乙地，或让甲地的影响在乙地实现，且该影响也不受限于某种速度，即便是光速。反而是眼睛还没眨一下，这影响就从遥远的国度跳了过来。

至于局域实在论，也被量子理论抛诸脑后。广受欢迎的哥本哈根诠释坚称，整个宇宙是由无数像电子这种并无固有位置的粒子所组成，这些粒子也没有任何运动。实际上，它们甚至不具有任何形式的真正存在，而是以潜在性的一种模糊概率的状态存在，其动向可透过统计解读。一旦加以观察，它们就根据概率法则具体成形。

爱因斯坦确实厌恶这种理论。这意味着除非被观察到，否则没有任何东西存在或移动，也意味着没有人能够确认个别物体的实际行为——我们只能以统计的方式把它们说成是一个群组，并评估它们在此而非在彼、运动方式如此而非如彼的可能性。就是这一点，使得爱因斯坦说出他的反量子名言："上帝不掷骰子。"

如果我们配置好仪器，让我们侦测到粒子的位置，这个物体会很配合地在特定地点具体成形。但它还是没有特定的运动。但如果反过来，我们建造一套可以侦测运动的装置，恰如其分地观测到该物在运动，然而它在给定时刻的位置还是模糊且难以定义。我们无法精确地看到它的位置及它的运动。

一开始，科学家认为，这一定是我们自己在科技上还有某个地方不成熟的结果——如果我们的设备变好了，应该就能确认运动及位置，一如我们处理土星之类大型物体的方式。最后我们才明白，问题比这还要深层得多。构成宇宙万物的微小物体并非每个都具有位置或运动。而且，只因为我们的观测动作，方使其一得以存在。

大型的巨观物体确实看似居于特定位置，而且有运动，这是因为它们是由多到无法计数的微小物体所组成，一个个微小物体的概率多到令人不知怎么处理，在我们正在观测的点上积聚而产生统计上的确定性。

那样的统计还是难以掌控。虽然物体通常都出现在最有可能的地方，但它们在统计上永远有一丝机会表现出怪异的行为，也就是它们会在远离预期之处具体成形。

想象有一条刚铺好的道路，拿碎石当作临时的新铺面。路过车辆使得每颗新石子跳上空中、落地某处，石头蹦向路边、跳向路中央的机会各一半。随机往路边跳的石头现在有一半的机会被下一辆车喷得往路边飞更远。久而久之，所有概率都出现过，路上的碎石全都清空。所有的碎石现在全都跑出路边——因为一旦有石头被移出路面，对那颗石头而言，游戏结束，不会再动了。等通过的轮胎够多，就连那些违抗概率、循着可能性很低的路径一直朝路中央跳回去的卵石，最终还是让步而连续朝路边跳去。证据明摆着：道路通车后仅仅两星期，没有半颗碎石留下来。只要时间够，统计上有可能的事件全都会发生，即使可能性很低的也一样。

但请仔细看一下。这里有一颗不知是怎么巴上卡车轮胎边边的石头，被旁边一颗石头以一种非常不可能的方式给刮了，喷到几百英尺外某人的喂鸟器里头。这样一个别事件大概没有被预测到。可能性极低，但就是有可能。而且只要时间够，涉入物体也够多，所有可能性，无论多么微乎其微，都会发生。

按照量子理论的哥本哈根诠释，你家冰箱里的牛奶桶所含粒子的位置模糊且呈概率式分布。构成牛奶桶的原子数目比路上的碎石多得多（3.8升装的牛奶桶含有多少原子，地球大气层就有几口空气，两者数量相同）。你下次打开冰箱时，极有可能牛奶桶的所有原子都在，而且桶就摆在你前一晚放的位置。即使有一颗原子出现在别的地方，也不会影响桶存在于你记忆中所摆放的同一层架子上。但有可能，不是不可能哦，所有原子全都出现在统计上最不可能的位置。果真如此，桶便会消失不见，说不定会突然出现在缅甸的一间卧房里。

这些粒子全都以统计上如此不可能的方式一致行动，这个概率小到即使在地球五十亿年的生物寿命中——从第一批细菌到最终大灭绝——都不太可能发生。但重点在于：有可能发生。如果真的发生了，我们看到的是显而易见的奇迹。在那个时候，我们观察到的是没有任何显见起因的运动。

　　所以，真有这种疯狂的事。观察者和宇宙合而为一。不可能发生却偶然发生的运动，到头来并非不可能。由于量子力学运动及本书所讨论的运动大多与随机性活动有关，或许值得我们花点时间来检视随机性的效力和局限。常见的老掉牙的例子是猴子与打字机。你大概有听过：100万只猴子打字打了100万年，到最后光凭随机概率就会生出莎士比亚的作品来。真的吗？

　　2003年，英国一所大学的研究小组把一堆打字机放在动物园围栏里的六只猕猴前面摆了一个月，看看会发生什么事。动物们根本打不出东西来。它们倒是把食物和尘土塞进按键里，还把几台机器扔到地上，拿来当夜壶用，这些打字机很快就不堪使用。它们根本什么名言佳句也没生出来。

　　然而，在公众对自然运动的"观感"中，随机动作和概率理论依然是一个重要的部分。"机会"是亚里士多德等人所密切关注的运动一个关键的面向。据说一旦让它长时期自由运作，效力巨大。

　　所以，说真格的，100万只勤奋、心思细腻的猴子在100万具键盘前坐上100万年，真的能够如所声称那般创作出伟大的文学作品吗？不管相不相信，这种问题百分之百可以有解。键盘上有很多地方可按，即使最旧型的打字机也有58个按键，而最现代的键盘有105个左右。说到随机事件，那就来思考《白鲸记》开场句的创作难度，其字母加上空格为数仅仅15：Call me Ishmael（叫我伊实梅尔）。这需要随机尝试多少次？

假定有58种可能的按键，有望成功之前所需尝试次数应为58自乘15次，也就是3兆兆。（原文此处数字有误，应为283兆兆。）100万只从不睡觉的猴子，每只猴子每分钟打60个字且零错误（所以按15个按键只需要4秒），其中一只最后的确会打出"Call me Ishmael"。

但难就难在这得花上38兆年。（原文此处数字有误，应为239万兆年。）也是宇宙寿命的3000倍。（原文此处数字有误，应为2亿倍。）

所以，100万只打字很猛的猴子，连一本书的短短一个开场句都无法重现。重点：随机性获致成果的效力远比一般想象弱得多。

另一种超光速的超快现象也有可能存在。这一种与哥本哈根无关。理论上，如果大爆炸创造出可观测宇宙，可能同时也创造出迅子（tachyon）——比光快的粒子——的宇宙。至少这在数学和物理学上是可成立的。那是因为尽管没有任何具质量之物能达到光速，但这有一项重要的例外条款。也就是速度的极限只适用于加速物体——一开始比光慢的物体。对于这些物体而言，要达到每秒299,792.458千米是一项无望的任务。

但要是在宇宙诞生之初，有一种类型的物体一开始起跑就比光快呢？这些迅子——1967年才造出这个名称——得到了科学的认可。对这些迅子来说，光速障碍还是有的，但它们是被困在另一边。它们完全没办法比光速慢！

变慢所耗费的能量和变快一样多。所以，据推测，当迅子试图减速成光速时，会变得越来越重，而且使得它们的时间逐渐扭曲。

和我们一样，它们绝不可能跨越那项障碍。我们绝不可能看到彼此，因为光子绝不会从它们那边跑到我们这边，反之亦然。因此，对迅子的任何搜寻都像是在捕猎看不到的东西。

之所以提到这种种，纯粹是因为运动研究应该把最快速的可感知物体纳入考虑。理论上，我们应该能够侦测到迅子的效应，它们应该会影响宇宙射线射丛〔cosmic ray shower，又被称为空气簇射（air shower）〕，而且当它们失去能量时，应该会射出可侦测的蓝光切连科夫辐射（Cherenkov radiation）。就算有物理学家相信迅子存在，也为数不多，即便迅子仍是科幻界大咖。

所以，我们应该可以把迅子从运动物体列表上划掉。看来是没有办法打破光子障碍了。快过光速，出局。

得到认可的，只有无限。

第18章

在爆炸宇宙中沉睡的村落

溯懒人河而上，我们会是多么欢快

溯懒人河而上，与我同在。

——卡麦可（Hoagy Carmichael）与阿罗丁（Sidney Arodin），

《懒人河》（*Lazy River*），1930

●　　　●　　　●　　　●　　　●

　　漫游结束，我回到已经修好的家。在我出外期间，我那人口两百、从不改变的村落未有扰动。就连恼人、无所不在的"花园杀手"的鹿，似乎也一模一样，倒是多了几只新生小鹿接棒传承。中国或许正快速改变，但在我过去40年所居住的上纽约州乡下地方，你可能得多花点时间才能看出有哪里很不一样。邮局的布伦达面带微笑，交给我一大叠用橡皮筋绑起来的邮件。

　　我的书桌四周到处都是螺旋装订笔记本、活页纸和笔迹潦草的采访稿，多到爆满。收尾的时间到了。我抓起电话盘问卡内基天文台的天文物理学家，很久以前，我人在智利那座山上的那个夜晚，他们承诺会把结果告诉我。

他说话算话。克尔森兴奋之情溢于言表——他依然朝气蓬勃，也许有点蓬头乱发，这得归功于他那两个在办公室里跑来跑去的小孩。那天晚上他亲自测量的四千个星系，连同他后续的观测，已经揭露出是哪些位置的恒星群落以令人敬畏的百分之几光速飞离我们。这些测量结果带领他来到奇异的障壁之前，人类永远看不到这障壁之外：这就是可观测宇宙的边界。

我们都为这更新的数据兴奋不已。他在2013年就已经因为发现历来最快也最远的星系而上了全球头条。我不久之前才和何雪莉（Shirley Ho）聊过，她隶属劳伦斯柏克莱国家实验室（Lawrence Berkeley National Laboratory）的研究团队，这个团队在2012年完成了惊人的90万个星系的测量资料。他们运用声波传送穿越比较年轻、比较稠密的宇宙——被称为重子声学振荡（baryon acoustic oscillation）——取得开创性的信息，此一信息近年来以之前仅见于科幻电影的速率大量涌入。

"这些资料证明，毫无疑问，"她对我说，"空间具有平坦拓扑构造。"

克尔森和我此时兴奋地讨论这一点。你看，如果整个扩张宇宙是有限的，恒星、星系和能量的总数确定而有限，则空间本身将因而翘曲，长距离穿行的光会逐渐弯曲。但现在这个新资料支持卡内基先前的发现：光并未弯曲。光以激光般直线行进。在最大的尺度上，空间具有平坦拓扑构造。

这强烈暗示着无限的宇宙，也就是星系无止境。而且——回头来谈运动——你看得越远，速度只会越来越快，没有任何终点。

　　我们已经观测到有星系真的以光速在飞离。当然，我们观测到的是遥远过去的它们，将近130亿年前，它们的光在那时出发，踏上来到我们眼中的漫长旅程。推算它们今天必到之处，我们得到的结论是：它们此刻正以远比光速更快的速度疾驰而去。

　　而且还一直这样跑下去。有谁知道这是怎么一回事？[①]

　　　*　*　*

　　我问了美国天文学会会长埃玛格林（Debra Elmegreen）。

　　"没错，我们可能真的需要平坦拓扑构造和无限宇宙，"

---

　　① 因为宇宙的扩张速度随距离而增加，那些真的很遥远的物体出现了不可思议的状况。就拿位于可见宇宙边缘的星系来说吧，我们可以说它古老，因为我们看到的是它130亿年前的光出发向我们前进时的样子。那是它古时候的影像。我们也可以说它年轻，因为我们看到的是新生星系的画面，因为当时一切事物刚刚孵出来。但它真的如新闻报道所声称的，是在130亿光年外吗？拿我们此刻之所在与该星系130亿年前所处位置作比较，有任何意义吗？我们此刻正在看的影像离开该星系的当时，我们靠得比较近。它当时距离我们只有33.5亿光年。所以，逻辑上，它应该会呈现出距离较近——它的光出发当时的所在位置——的星系大小，而不是像现在位置这么遥远的星系大小。影像不会只因它花了很长时间才传送到就改变大小。

　　令人惊讶的是，该星系看起来的确比我们对如此遥远事物的期待要大上许多，就像哈哈镜一样。星系显得比实际上要靠近许多！

　　以它的尺寸来说，是这样没错。但比起我们对这种距离的物体所期待的，就黯淡得多了。当影像前进，空间也一直在伸展，使影像产生大幅红移并弱化。此时的影像所呈现的，是2630亿光年外的星系非常黯淡的样子。

　　我们现在把这些汇总起来看。这是我们历来所见最古老的星系影像，但它是新生星系的影像，所以我们也可以说它是最年轻的。以它的距离来说，看起来太大了，但也太黯淡了。情况还可以再诡异一点吗？没问题。科学论文说它距离这里有130亿光年，因为距离常常用那种方式来表示——影像穿越多少多少光年的空间来到这里。而130亿年也表示它的光花了多久时间才触及我们。然而，在这整个过程的同时，星系一直在疯狂地退离。这个星系现在实际上是在300亿光年外，它今天的退离速度远比光速还快。

她确认了这一点，也呼应了何雪莉一星期前才说过的话："但即便我们只能观测这整个东西的小小一块，那还是多达2000亿个星系，也够我们忙的了。"

一点也没错。但她稍有失言了。"无限"宇宙并不意味着"非常大"，并不意味着我们所观测的一切都是实际宇宙的"小小一块"。无限的任何百分比都是零。所以，我们所能观测到的一切都是宇宙的百分之零。

我觉得自己就像艾丽斯，翻滚个没完没了。我们所观测的这整张挂毯放在这整幅宇宙大作中，会不会根本连寥寥几笔都算不上？我联络上加州理工学院理论物理学家卡罗尔（Sean Carroll），他字斟句酌地说，尽管我们的观测或许能够证明有限宇宙，如果真有这样的宇宙存在的话，但你永远不能证明无限。话虽如此，就眼前既有的资料而言，他相信"宇宙大概是无限的"。

这对宇宙运动及其他一切的意义为何？关于这个，他说："或者是无限数量的不同事物，或者是有限数量的事物出现无限多次。这两种可能性，不管是哪一种，都蛮伤脑筋。"

无限宇宙——越来越有可能是真的——也意味着我们所知能量最巨的运动，大爆炸，大概只是一桩局域偶发事件、局限在可观测宇宙中的一场大骚乱。至于外头更大的宇宙，除了玄思冥想，也没人能多做些什么了。宇宙是否就这么永远存在下去？宇宙是否"一开始"比较小，然后由于神秘的暗能量持续撑大宇宙的扩张速率，最终长成之物将会变成无限大？如果非得把身家都押上去，有经验的玩家会赌这种宇宙根本不会诞生。这意思是，亚里士多德说得对：我们是永恒存在的一部分。

我打电话给芝加哥大学宇宙学者科尔布（Rocky Kolb），看看他对这些林林总总的评价。他只是咯咯笑。"无限宇宙，"他说，应该是"一开始就无所不在，从一开始就是无限"。

他证实，既然有可能无限，退离中的恒星和星系之速度没有极限。为求简明，就把我们所能观测到、远及130亿光年的所有事物称为"一个宇宙"，或是1u。一如我们早就在观察的，速度随距离成指数增加的这种无限扩张，意味着有些位置遥远的星系正以每秒一个宇宙的速度，被称为1ups，加大与我们之间的隔绝。

我们原有的测量单位是根据人类的经验所创造出来。1英尺（约30厘米）非常接近男人鞋子的长度，1码（约91厘米）是一大步，1英里（约1.6千米）是一个人20分钟的步行距离。即使凭借这些粗陋的标准，我们还是能够陈述——甚或是理解——这一点：已观测到最遥远的星系每秒远离我们大约274,000千米。

但是，看不到的众多星系每秒远离我们一个宇宙？天文物理学家知道，可见宇宙只能勉强算是所有存在之物的冰山一角，而他们说：还没完呢。一定有更多更多的星系正以100万ups的速度疾驰。每秒一百万个宇宙，而这也还没完呢。

我们已经看过速度的最低点，就是绝对零度，连原子都停止运动，除了某些微妙的量子效应之外。你没办法比停止不动更慢了。而长久以来认为上限就是光速，这个界限如今却遭到猛烈突破。我们自己和不可观测的遥远星系之间的鸿沟，以我们永远无法加以具象化的方式变大，因为没有人能描绘无限速度。宇宙学的探讨开始和中世纪的魔法研究越来越像：无解。

　　就这样吗？不受限的物体不断增大的加速度？这些全都永远不可观测？对这深不可测的神秘之海思索半天的结果，只是留下一则又一则徒劳无功的记录？我们拿它怎么办？我们应该觉得兴奋，或是想自杀？

　　幸好，事情没那么简单。物理学家证明给我们看，空间本身可能在某些层次是实有的，但在其他层次则否。或许这种种的距离和速度里头有某种可疑之处，而我们的科学还没能充分掌握。看着历经数千年的剧烈改变，甚至是稳若盘石的确定之事在我们有生之年被推翻，我们明白，可以说我们现在所知关于宇宙间运动的一切似乎都可以变得简单。①

　　"所有科学理论都是根据观察而来的自然模型，"我的朋友、纽约州立大学相对论与物理学教授比斯瓦斯（Tarun Biswas）解释说，"宇宙学的问题在其现有模型奠基于可忽略不计的观测资料。如果人们不把它看得那么认真的话——如果他们了解这只是初步模型的话——就还不会有问题。"如果能够记住，我们现在对于宇宙及其内涵与运动的具象化，只是在最初的婴儿学步期，我们可能不太会因其边缘地带疯狂的超光速退离而沮丧。

　　记住，最快的速度不是加速中的实质物体的速度，而是我们与它们之间正在扩张的虚空空间的速度。现代物理学史有一项

―――――――――

　　① 20世纪90年代初的每一个天文学家都会斩钉截铁地告诉你，宇宙扩张正在变慢。这个说法甚至还有一个名称：减速参数。但才过了几年，宇宙又蹦了起来，当时明显可看出扩张正在加速。就宇宙学而言，我们显然是在幼年期。尽管电视上的专家一直在说整个宇宙这样、那样，但坚实可靠的数据不足，使得我们所"知道"的事情可以说没有一样能免于来日的修正与翻转。那些知识渊博的天文物理学家会带着微笑，欢迎一般民众凭空想象出来的任何模型。

令人困惑不安的特征：在量子穿隧现象中，物体通过原本认定无法穿透的障碍物，开开心心地在另一边具体成形。而且我们在前一章所探讨的粒子缠结中，某种事物——某种知识或影响或未知之物——以零时差穿透深度不受限的空间。这一切都指出，空间是有趣的东西，而我们才刚刚开始要去了解穿行其中的种种可能性。

从伽利略让金属球滚下斜坡开始，这一路来，我们已经走了很长的一段。我们已经探讨过自然界所有领域中几乎每一种物体的速度和怪异行径。至于那些超出我们理解能力极限的超光速星系，嗯，这种破表速度让我们的脑袋呆掉了，但——放心吧——这对我们的孙子那一代来说会另有意义。

突然来了一阵微风，把我办公室窗户的遮阳布幕往内吹，撞倒一只塞满干燥花的花瓶。骂声还来不及出口就被我硬生生咽了回去，窗外吹过的树枝吸引了我的目光。托里拆利，那是你在召唤出某种总结陈述吗？

蠢念头。我摇摇头，把这些念头甩出脑袋。

到头来，越来越像是亚里士多德和阿尔哈金说对了：运动向来没有起始。

幕，不会落下。

单位的精确性与选用原则

在很多案例中，权威数据源所引用的信息彼此冲突。圣母峰每年上升得多快？有的说10厘米，有的说0.4厘米。我接触过三位大学地理教授，他们给的信息都彼此冲突！树懒的最高速度是多少？看似声誉卓著的数据源所引用的数字从每分钟30米到每分钟1.5米不等。碰到这种不一致到让人抓狂的状况，我就把曾获采用的各种数据写成区间放进米。其他不一致程度较小的，我直接列出平均值。

虽然几乎全世界——包括整个科学社群，都采用公制为唯一单位，但本书原文大多以美制或英制来表示。这样的选择是经过审慎考虑，而且理由很简单：对绝大多数美国人和很多英国人来说，若能以熟悉的用词来表达，文章的内容会更有意义。举例来说，当我们说出雨水落下的速度，会觉得"每秒9.8米"和"每小时22英里"的意义同样清楚的人，大概不多吧。（基于同样的考虑，本书将原文数据换算为公制表示。）

参考资料

本书中的数据取自无数来源。举例来说，关于柳树和枫树各自生长速度的描述便取自佛罗里达州一家公共事业公司为屋主所印行的一张海报，其中包含植树节基金会（Arbor Day Foundation）所提供的信息。至于这篇参考数据，下面列出二十一个数据源，含括对后继的研究可信又丰富的内容。

书籍

Bagnold，R. A. *The Physics of Blown Sand and Desert Dunes*. Mineola，New York.: Dover Publications，2005.

Bova，Ben. *The Story of Light*. Naperville，Ill.: Sourcebooks，2001.

Considine，Glenn D.，ed. Van Nostrand's Scientific Encyclopedia. 9th ed. 2 vols. Hoboken，N.J.: Wiley–Interscience，2002.

Gosnell，Mariana. Ice: *The Nature，the History，and the Uses of an Astonishing Substance*. New York: Alfred A. Knopf，2005.

Leonardo da Vinci. *The Notebooks of Leonardo da Vinci*. Edited by Edward MacCurdy. Old Saybrook，Conn.: Konecky & Konecky，2003.

McLeish，Kenneth. *Aristotle*. New York: Routledge，1999.

Meeus，Jean. *Astronomical Tables of the Sun，Moon，and*

Planets. 2nd ed. Richmond, Va.: Willmann—Bell, 1995.

Pliny the Younger. Letters. Translated by William Melmoth. Revised by F. C. T. Bosanquet. Harvard Classics vol. 9, part 4. New York: P. F. Collier & Son, 1909–14.

Weisberg, Joseph S. Meteorology: *The Earth and Its Weather.* 2nd ed. Boston: Houghton Mifflin, 1981.

网站

Casio Computer Co., Ltd. Keisan Online Calculator. http://keisan. casio.com/has10/Menu.cgi? path=06000000.Science&charset=utf–8.

Darling, David. The Encyclopedia of Science. http://www. daviddarling.info/encyclopedia/ETEmain.html.

Elert, Glenn, ed. The Physics Factbook: An Encyclopedia of Scientific Essays. http://hypertextbook.com/facts/.

Goklany, Indur M. "Death and Death Rates Due to Extreme Weather Events: Global and U.S. Trends, 1900–2004." Center for Science and Technology Policy Research, University of Colorado at Boulder. http://cstpr.colorado.edu/sparc/research/projects/extreme_ events/munich_workshop/goklany.pdf.

Heidorn, Keith C. "The Weather Legacy of Admiral Sir Francis Beaufort." http://www.islandnet.com/~see/weather/history/beaufort.htm.

Heron, Melonie. "Deaths: Leading Causes for 2008." National Vital Statistics Reports 60, no. 6 (June 6, 2012). United States Department of Health and Human Services, Centers for Disease Control and Prevention. http://www.cdc.gov/nchs/data/nvsr/nvsr60/nvsr60_06. pdf.

Laird, W. R. "Renaissance Mechanics and the New Science of Motion." Canary Islands Ministry of Education, Universities, and Sustainability. http://www.gobiernodecanarias.org/educacion/3/usrn/fundoro/archi vos%20adjuntos/publicaciones/largo_campo/cap_02_06_Laird.pdf.

Llinás, Rodolfo. "The Electric Brain." Interview with Rodolfo Llinás conducted by Lauren Aguirre for Nova online. http://www.pbs.org/wgbh/nova/body/electric–brain.html.

National Weather Service National Hurricane Center. Saffir–Simpson Hurricane Wind Scale. http://www.nhc.noaa.gov/aboutsshws.php.

Nave, C. R. HyperPhysics. http://hyperphysics.phy–astr.gsu.edu/hbase/hph.html.

Sachs, Joe. "Aristotle: Motion and Its Place in Nature." Internet Encyclopedia of Philosophy. http://www.iep.utm.edu/aris–mot/.

Sengpiel, Eberhard. "Calculation of the Speed of Sound in Air and the Effective Temperature." http://www.sengpielaudio.com/calculator-speedsound.htm.